国家出版基金项目
NATIONAL PUBLICATION FOUNDATION

地震损失分析与设防标准

尹之潜　杨淑文　著

U0178673

地震出版社

图书在版编目（CIP）数据

地震损失分析与设防标准/尹之潜，杨淑文著. —北京：地震出版社，
2021.7（2022.1重印）

ISBN 978-7-5028-5334-1

Ⅰ.①地… Ⅱ.①尹… ②杨… Ⅲ.①地震灾害—损失—分析—中国
Ⅳ.①P316.2

中国版本图书馆 CIP 数据核字（2021）第 132364 号

地震版 XM5163/P（6132）

地震损失分析与设防标准

尹之潜 杨淑文 著

责任编辑：王 伟

责任校对：凌 樱

出版发行：地震出版社

北京市海淀区民族大学南路 9 号 邮编：100081

销售中心：68423031 68467991 传真：68467991

总 编 办：68462709 68423029

编辑二部（原专业部）：68721991

http://seismologicalpress.com

E-mail：68721991@sina.com

经销：全国各地新华书店

印刷：北京广达印刷有限公司

版（印）次：2021 年 7 月第一版 2022 年 1 月第二次印刷

开本：710×1000 1/16

字数：213 千字

印张：10.25

书号：ISBN 978-7-5028-5334-1

定价：50.00 元

再　版　序

本书 2004 年初版问世，至今已 16 年，在这 16 年间地震工程学在我国有了长足的发展；我国城镇建筑的抗震能力有了很大的提高；但地震是无法避免的，在这十几年间世界上死亡人数在 1 万人以上的地震发生了 5 次，共死亡 60.8 万余人，其中在我国有一次，死亡人数 6.9 万人。现在我们还不能准确地预报地震发生的时间和地点，震前做好防御措施是目前可以减轻地震灾害的主要手段。联合国前秘书长安南说过："灾前预防不仅比灾后救援更人道，而且代价更低。"当前我国现代化进程迅速，与此相关的就是城市化加快；农村人口迅速向城市聚集，大城市扩大，中小城市增多，建筑物像雨后春笋般地增加，地震时建筑物的破坏是造成地震灾害的主要原因之一，特别像居民小区，建筑稠密，人口集中，成了地震灾害的易发区；应该是重点关注的地方之一。目前我国城镇建筑绝大部分都按设防标准设了防，但仍不可大意；地震无情，人有情，本书再版中将原书的第四章和第六章的内容合并为一章，增加了以结构可靠度理论为基础的建筑物地震安全评估方法，为制定减轻地震灾害措施提供了依据。

对于本书在第一版中出现的错误，在此向读者致歉。

本书再版和后续定稿工作中得到了孙柏涛教授和张桂欣博士的大力支持和帮助，在此致以深切的感谢。

感谢国家重点研发计划项目（2019YFC1509300）——地震易发区建筑工程抗震能力与灾后安全评估及处置新技术，中国地震局专项业务费项目——基于五代图的地震灾害风险区划，给予的资助。

2020 年 12 月

前　言

我国是世界上受地震灾害最严重的国家之一，20 世纪 100 年间全国共发生 650 多次 6 级以上破坏性地震，约计死亡 59 万人，是自然灾害死亡人数之首；全球死亡 20 万人以上的两次地震都发生在我国；全国有 67% 的大城市位于地震烈度Ⅶ度和Ⅶ度以上的地震区。随着城市化进程的加快，人口向城市聚集的速度也在加快；据统计，到 2003 年止，我国城镇人口总数为 5.237 亿，城镇化率达到 40.5%。最新研究资料表明，城市人口每增加 1%，灾害损失将增加 3%；随着大城市的增多，地震对我国经济发展的潜在威胁将与日俱增。所以，寻求防御对策和估计未来地震可能造成的灾害，已成为目前保持国民经济可持续发展和有序社会生活的一个重要问题。地震损失分析是对可能发生的地震对人类社会及生存环境可能造成破坏的定量估计，是政府和社会团体为减轻地震灾害而采取战略性防御措施的基础。在地震发生之前对地震可能造成的损失作出科学估计，可提高减灾工作的科学性和减灾投入的合理性；在地震发生以后对灾区进行科学的损失评估，对实施救援方案、国际援助以及灾区恢复重建等都具有十分重要的意义。

20 世纪 80 年代初期，作者曾提出了以地震烈度为输入参数的地震灾害和损失分析方法，目前这一方法仍广泛应用；由于地震烈度与地震宏观现象有相互依赖的关系，所以用地震烈度表示地震作用的强度，有先天的缺陷。目前我国以地震动加速度峰值和地区的特征周期为参数的新的地震区划图已颁布实施，建立与新地震区划图相衔接的地震损失分析方法实为必要；鉴于此，本书提出了以地震加速度峰值为输入参数的地震损失分析方法，供政府部门和社会团体在制定防震减灾规划、评估地震损失时参考，以促进我国防震减灾事业的发展。

作者感谢地震科学联合基金的资助和中国地震局工程力学研究所科技发展部主任崔杰同志的大力支持，使本书得以顺利出版。

由于作者学识有限，书中疏漏和错误之处，望读者给予指正。

作者

2004 年 6 月

目　　录

第一章　地震及其危害

　　我国是世界上地震灾害最严重的国家之一。20 世纪全球死亡人数在 1 万人以上的地震有 21 次，共死亡 104.7 万人；其中 5 次发生在我国，死亡 53.5 万人，占总死亡人数的 51%。21 世纪前 20 年，全球死亡人数在 1 万人以上的地震发生了 6 次，共死亡 62.5 万人，其中一次发生在我国，死亡 6.9 万人。由于地震发生的突然性和无法抗拒的破坏力，地震灾害造成的后果和给人类在心理上造成的恐惧感远大于其他自然灾害。1976 年唐山地震给我们留下了深刻的记忆。我国地震工作的方针是以预防为主，目前我们还无法预知地震发生的时间和地点，只有认真总结震害经验，震前充分做好防御工作，才会使地震的危害减轻到最低限度。

1.1　地震

　　地球表面由一些巨大的岩石层板块构成，大多数地震是板块相对运动使其边缘上积累起来的应力达到某一极限值时造成岩石层断裂、滑移使能量突然释放引起的。另外，板块内部断层带的某些部位，如拐弯点、间断点、枢纽点和断面坑凹起伏较大的地段，应力比较容易积累，当应力积累超过这些部位的承受能力时，断层就会产生错动、释放能量引起地震。由于地球内部处于永恒的运动中，故全世界震级大小不同的地震每年发生无数次。这是一种自然现象，目前人类尚无法抗拒。估计每年全球有感地震（震级大于和等于 2.5 级）约有 15 万次，其中还未计入余震和小地震序列。总计起来，全球每年地震可达百万次以上。但是造成破坏和生命、经济损失的地震一般在 6 级以上，全球每年发生 6 级以上的地震约计 140 次[1]。我国平均每年发生 6 级以上的地震约计 6 次。虽然全球大部分地区都会发生不同大小的地震，但它的空间分布并不是随机的；它主要发生在环太平洋地震带、地中海—喜马拉雅地震带、大洋中脊地震带和大陆裂谷地震带上。

1. 环太平洋地震活动带

　　该地震带分布在东太平洋沿北美、南美大陆西海岸一带，在北太平洋和西太平洋主要沿岛屿外侧分布。环太平洋地震活动带是地球上地震活动最强烈的地震带，全球约 80% 的浅源地震、90% 的中源地震和几乎所有的深源地震都集中在该地震带上。其上所释放的地震能量约占全球地震能量的 80%。

2. 地中海—喜马拉雅地震活动带

该地震带横贯欧亚大陆，呈东西向分布：西起大西洋亚速尔群岛，穿地中海、经伊朗高原进入喜马拉雅山，然后拐经缅甸西部、安达曼群岛、苏门答腊岛、爪哇岛至班达海附近与西太平洋地震带相连。环太平洋地震带以外的地震大部分发生在这个地震带上。它释放的地震能量约占全球地震释放能量的 15%。

3. 大洋中脊地震活动带

该地震带蜿蜒于各大洋中间，几乎彼此相连，地震活动较弱，而且均为浅源地震，尚未发生过特大破坏性地震。

4. 大陆裂谷地震活动带

该地震带不连续地分布在大陆内部，在地貌上常表现为深水湖，如东非裂谷、红海裂谷、贝加尔裂谷等。大陆裂谷地震活动性比较强，均属浅源地震。全球地震活动分布如图 1.1。

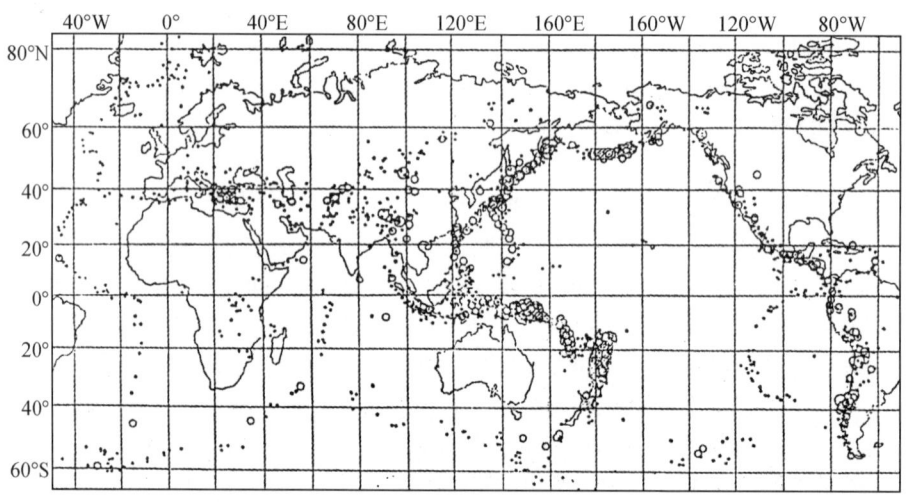

图 1.1 全球地震活动图（初版原图）

我国境内强震分布非常广泛，除浙江、贵州两省外，其他各省都发生过 6 级以上的地震。我国东部主要有郯城—庐江地震带、河北平原地震带、汾渭地震带、燕山—渤海地震带、东南沿海地震带等；西部有北天山地震带、南天山地震带、祁连山地震带、昆仑山地震带和喜马拉雅山地震带；中部为南北地震带贯穿；台湾地震带是西太平洋地震带的一部分。

地震在时间分布上最重要和最普遍的规律是地震活动的周期性和重复性。地震活动周期包含平静和活跃两个阶段。由于各地区构造活动性的差异，地震活动周期长短是不同的。我国东部地震活动周期普遍比西部长（台湾除外）；东部一个周期大约 300 年左右，西部为 100~200 年左右，台湾为几十年。一般板块边缘地震活动周期短，板块内部地震活动周期长。

地震重复性是指地震原地重复发生的现象。一般说来，地震越大，重复时间越长；震级越小，重复时间越短。但不同地震区和地震带，由于构造活动强弱的差异，同一震级地震的重复时间长短也不一样。根据统计，6 级地震的重复时间可从几十年到几百年，7 级以上地震的重复时间多在千年以上。

1.2　地震对人类社会的危害

地震是地球内部运动造成地壳断裂和滑动引起地表震动的一种自然现象，从地球诞生就存在，目前我们还无法改变这种现象的发生。在科学技术尚不发达的时代，它对人类的危害主要是造成建筑破坏、经济损失、人员伤亡和震后传染病的流行。到了科学技术高度发达的信息时代的今天，人类的生活条件得到了极大的改善，人类对自然界的适应和控制能力也得到了增强，但同时也增加了人类对社会的依赖性。因此，地震灾害对现代化程度越高和人口越密集的地区以及城市的危害就越大。一个不大的地震发生在人口稀少、经济落后的地区，也许不会造成大的影响；但是发生在一个人口集中、经济发达的城市，如果停电一分钟，给商业、金融业、通信业、交通运输和工业生产造成的损失是很难估量的，人民生活和生产秩序会受到很大的影响。根据统计，在一定的时期内，地震造成的经济损失的年平均值，一般小于同期洪水灾害的年平均损失值；人员伤亡的年平均值小于车祸的年平均值。地震所以给人留下一种恐惧感和严重的后果，主要是它具有突发性、瞬间爆发的巨大破坏性和地区的集中性，在顷刻之间可以毁灭一个城市，而且在事件发生过程中人类对此毫无抗御能力。它的这些特点加大了它对社会的危害性和人类对它的恐惧心理。所以对未来地震危害的估计和预防已成为现代化城市维持正常运转的一项重要工作。地震不仅造成经济物质损失和人员伤亡，还破坏了社会结构和城市功能，使社会的运转变为无序状态，对居民生活和生产造成极大的冲击和影响，对人类的心理造成短时间难于消失的创伤。

1.3　20 世纪我国的地震损失

据统计，20 世纪全球发生 8 级和 8 级以上地震，共 35 次，其中我国 9 次；死亡人数在 1 万人以上的地震有 21 次，共死亡 104.7 万人，其中我国 5 次，共死亡 53.5 万人，占总死亡人数的 51%（表 1.1）。

表 1.1 20 世纪死亡 1 万人以上的地震[2]

时间	震级	死亡人数/万人	地点
1905 年 4 月 4 日	8.6	2	印度—克什米尔
1908 年 12 月 28 日	7.5	7	意大利西西里岛
1915 年 1 月 13 日	7.0	3	意大利阿韦察诺
1917 年 1 月 21 日	7.0	1.5	印度尼西亚巴厘
1920 年 12 月 26 日	8.5	23	中国宁夏海原
1923 年 9 月 1 日	8.2	14	日本东京
1927 年 5 月 23 日	8.0	4	中国甘肃古浪
1931 年 8 月 11 日	8.0	1	中国新疆富蕴
1934 年 1 月 15 日	8.3	1	印度—尼泊尔
1939 年 1 月 25 日	8.3	2.8	智利奇廉
1939 年 12 月 26 日	8.0	3	土耳其埃尔金坎
1948 年 10 月 5 日	7.3	1	苏联—伊朗
1960 年 2 月 29 日	5.9	19	摩洛哥阿加迪尔
1962 年 9 月 1 日	6.9	1.2	伊朗西北部
1968 年 8 月 31 日	7.3	1.2	伊朗比亚兹
1970 年 1 月 5 日	7.7	1.5	中国通海
1970 年 5 月 31 日	7.8	6	秘鲁北部
1976 年 2 月 4 日	7.5	2.3	危地马拉
1976 年 7 月 28 日	7.8	24	中国唐山
1978 年 9 月 16 日	7.7	1.5	伊朗塔巴斯
1988 年 12 月 7 日	7.1	2.5	苏联皮塔克

　　我国是一个多地震的国家，地震烈度为Ⅵ度和Ⅵ度以上的地区占全国国土面积的 59.9%。据史料记载，20 世纪以来我国因地震死亡的人数约 60 万，占全球同期地震死亡人数的 42%[2]。自公元 1 世纪至今 2000 年中地震死亡的人数最多的前七个国家分别是中国、土耳其、伊朗、叙利亚、日本、意大利和希腊。

　　据统计资料，我国自 1950 年以来有灾情的地震共发生近 500 次[3]，其中震级为 7.0~7.9 的地震 33 次，震级大于和等于 8.0 级的地震 3 次（含台湾 1 次）；共死亡 27.8 万人。死亡千人及以上的地震 7 次（含台湾 1 次），共死亡 27.4 万人（表1.2），占同期全国地震死亡总人数的98.6%，1993年我国正式颁布了破坏性地震损失评估法规性文件，从此每次破坏性地震都有经济损失和人员伤亡记录。1966年河北邢台地震以后，有调查统计的和1993~2000年经评估当年损失值在亿元以上的地震有33次，损失总值296.89亿元（表1.3），约占这个时期地震直接损失的90%。如果以东经107.5°为界，将我国分为东西两部分，分别统计大陆西部、东部和台湾省等地区1900~1980年间$M_S \geq 7.0$级震源深度$h \leq$60km的地震活动频度，结果如表1.4，此结果说明近代我国大陆西部与东部地震活动频次的比例为6.7：1。这一结果与使用全部历史地震记录资料统计是一致的[3]。

表1.2　1950年以来我国大陆死亡千人以上的地震

时间	地点	震级 M_S	死亡人数/人
1950年8月15日	西藏察隅—墨脱	8.6	3300
1966年3月22日	河北邢台	7.2	8064
1970年1月5日	云南通海	7.7	15621
1973年2月6日	四川炉霍	7.6	2199
1974年5月11日	云南昭通	7.1	1541
1975年2月4日	辽宁海城	7.3	1328
1976年7月28日	河北唐山	7.8	240000
2008年5月12日	四川汶川	8.0	69225

表1.3　地震损失亿元以上的地震

时间	地震	震级	当年损失值/亿元
1966年3月22日	河北邢台	7.2	10.00
1970年1月5日	云南通海	7.7	3.00
1975年2月4日	辽宁海城	7.3	8.10
1976年5月29日	云南龙陵	7.4	1.40
1976年7月28日	河北唐山	7.8	132.75
1979年7月9日	江苏溧阳	6.0	2.47
1983年11月7日	山东菏泽	5.9	3.04
1985年3月29日	四川自贡	5.0	1.00
1985年8月23日	新疆乌恰	7.4	1.02

时间	地震	震级	当年损失值/亿元
1986 年 8 月 16 日	黑龙江德都	5.4	1.59
1988 年 11 月 6 日	云南澜沧—耿马	7.6	27.50
1989 年 4 月 16 日	四川巴塘	6.7	4.10
1989 年 9 月 22 日	四川小金	6.6	2.99
1989 年 10 月 19 日	山西大同—阳高	6.1	3.65
1989 年 11 月 20 日	四川重庆	5.4	1.50
1990 年 2 月 10 日	江苏常熟—太仓	5.1	1.34
1990 年 4 月 26 日	青海共和—兴海	6.9	2.74
1990 年 10 月 20 日	甘肃景泰—古浪	6.2	1.50
1991 年 5 月 29 日	河北唐山	5.5	1.83
1992 年 11 月 26 日	福建连城	5.0	1.02
1995 年 7 月 12 日	中缅边界	7.3	2.06
1996 年 2 月 3 日	云南丽江	7.0	25.00
1996 年 3 月 19 日	新疆伽师—阿图什	6.9	3.54
1996 年 5 月 3 日	内蒙古包头西	6.4	26.82
1997 年 1 月 21 日	新疆伽师（二次）	6.4 6.3	3.74
1997 年 4 月 6 日	新疆伽师	6.3	4.61
1997 年 4 月 6 日		6.4	
1997 年 4 月 11 日		6.6	
1997 年 4 月 16 日		6.3	
1998 年 1 月 10 日	河北张北	6.2	8.36
1998 年 8 月 27 日	新疆伽师	6.6	1.25
1998 年 11 月 19 日	云南宁蒗	6.2	4.50
1998 年 12 月 1 日	云南宣威	5.1	1.10
1999 年 11 月 1 日	山西大同—阳高	5.6	1.31
2000 年 1 月 15 日	云南姚安	5.9 6.5	1.02
2000 年 1 月 27 日	云南丘北—弥勒	5.5	1.04

表 1.4 1900~1980 年间 $M_S \geqslant 7.0$ 级震源深度 $h \leqslant 60km$ 地震强度频度统计 （次数）

地区	震级 M_S				
	7.0~7.4	7.5~7.9	8.0~8.4	8.5~8.9	总和
大陆东部	5	1	0	0	6
大陆西部	22	11	5	2	40
台湾省	22	3	2	0	27
其他地区	1	1	0	0	2

就地震活动而言，自 20 世纪以来，东、西部之间 7 级以上的强震活动频度比是 1∶7；地震释放能量比是 1∶25。这样的地震活动背景将在很长的历史时期内起决定性作用。但是从地震造成的经济损失和人员死亡看，在这一时期直接经济损失亿元以上有统计资料的地震，大陆共发生 30 余次，约占我国这一时期地震经济损失总额的 90% 以上，其中东部占 79%，西部占 21%。死亡千人以上的地震共 7 次，约占同期全国地震死亡总人数的 98% 以上，其中东部占 93%，西部占 7%。由此可以看出，西部地震频度和强度都远大于东部，但地震的损失和人员伤亡东部比西部大得多。东部人口稠密和经济发达是造成这种结果的主要原因。

1.4 我国的地震灾害分布

1. 地震灾害图

地震灾害图是利用历史资料绘制的已发生地震灾害的地区在全国分布的情况。我国有悠久的地震历史记载，在以下两个方面的资料较丰富并相对可靠，一是地震发生的时间；二是地震的破坏程度和破坏类型。根据历史记载的建筑物和地面破坏程度，可大体判断出当时地震的震中位置。到 19 世纪末地震仪问世，震级和震中才由仪器确定。但地震的破坏程度及地震烈度的确定仍主要依据地震现场的宏观调查资料，所以，地震灾害分布图的编制，主要凭借历史记载和实地考察，加以分析和编绘。20 世纪 90 年代初，文献 [24] 根据上述原则绘制了全国地震灾害分布图，作者是其成员之一；该图比较直观地呈现了历史地震留下的痕迹。它主要包括下述三个方面的灾害内容：

（1）地震烈度大于等于Ⅶ度地区和等于及小于Ⅵ度地区的分布。

（2）地震引起地面破坏的类型，如地震基岩崩塌与滑坡、黄土崩塌和滑坡、强砂土液化区、砂土液化区等的分布。

（3）地震海啸区分布。

它对防御地震灾害和建设布局有重要意义。

2. 未来 50 年中国地震期望损失分布[5,24]

1990 年在国家地震局震害防御司的资助和领导下，根据我国第三代区划图《中国地震烈度区划图（1990）》中地震危险性分析的最新成果，考虑了地震发生在空间和时间上的不均匀性及文献 [5] 和本书第二章提出的地震损失分析方法，研究分析了我国大陆今后 50 年内可能遭受到的地震损失。分析时将我国目前现有的房屋分为四类，即老旧房屋（含农村的土坯房）、多层砖结构房屋、工业用房和钢筋混凝土楼房；考虑到我国南北气候的差异，由于保温要求不同地区的砖结构房屋墙体厚度不同，将砖结构房屋按外墙厚度（24、37 和 49cm）分为三个地区，分别计算它们的震害矩阵；因此上述四类房屋共有六类震害矩阵。分析地震损失的单元以 1985 年国家颁布的县、市行政区划为准，大陆地区共划分为 2371 个县、市单元；其中市 323 个，县 2048 个。各类房屋的建筑面积取自我国《第一次全国城镇房屋普查手工汇总资料汇编》（1986）。四类房屋的造价取当时的平均造价，老旧房屋：120 元/m², 多层砖结构：300 元/m², 工业用房：650 元/m², 钢筋混凝土楼房：700 元/m²。人口资料取自 1985 年全国人口统计资料。

根据上述资料预测了 50 年内大陆由于地震造成上述四类房屋破坏的经济损失和人员伤亡，如表 1.5。

表 1.5   未来 50 年内地震造成的经济损失和人员伤亡

地区		经济损失/万元	伤亡人数/个	城市数/个
东部	东北	29824	4700	37
	华北	573544	234000	84
	长江中下游	126800	9100	94
	华南	121431	42700	36
西部	南北带	257305	118100	54
	南北带以西	43513	21000	18

表 1.5 中东部是指东经 107.5° 以东我国大陆部分，西部是指东经 107.5° 以西我国大陆部分。东北为 42°N 以北；华北为：34°~42°N；长江中下游为：26°~34°N；华南为：26°N 以南；南北带：98°~107.5°E；南北带以西为 98°E 以西。从表 1.5 可以看出，在未来 50 年，东部的地区损失大于西部，经济损失比例约为 3:1；人员伤亡比例约为 2:1；城市分布的比例为 3.5:1。这里的经济损失只是房屋遭受地震破坏所需修复和重建费用，不包含生命线系统的经济损失和间接经济损失。

从上述结果可以看出，我国地震灾害的大体分布和近几十年内地震可能造成房屋破坏的损失和人员伤亡情况，对采取防御措施和减轻地震灾害有参考意义。

1.5　近半个世纪我国的几次大地震

1.5.1　唐山大地震

1976 年唐山大地震,举世震惊,它夺走 24 万人的生命,使一座百万人口的工业城市顷刻之间化为废墟,是近代伤亡和破坏最严重的一次地震。

1. 人员伤亡统计

1975 年底根据震前行政区划的统计,唐山市共有人口 1061926 人。唐山地震后唐山市及附近地区人员伤亡如表 1.6 和表 1.7 所示。

唐山地震发生在凌晨 3 点 42 分,人们都在熟睡中,一家人全部遇难者近万户,许多家庭遭受到严重破坏。震后留下 3000 余名孤儿和孤老。唐山地震中家庭遭受破坏的情况如表 1.8。

表 1.6　唐山市人员伤亡汇总[4]

伤亡情况	人数	人口损失率/%
原有人口	1061926	
死亡	135919	12.8
重伤	103919	9.79
轻伤	257384	24.24
轻伤+重伤	361303	34.02

表 1.7　唐山市附近地区人员伤亡汇总

地区	死亡	重伤	轻伤	受伤	伤/亡
唐山市	135919	103919	257384	361303	2.66
唐山地区	69065	63620	284079	347699	5.03
在唐山的流动人口	12248				
天津市	24398			21874	0.80
其他	839				
合计	242469	167539		730876	3.0

表 1.8　唐山市家庭破坏情况

原有户数	绝户		核心家庭解体				孤儿		孤老	
	户数	占比例	户数	占比例	寡妇	鳏夫	人数	占比例	人数	占比例
294247	7210	0.024	15000	0.051	7000	8000	2652	0.011	895	0.008

2. 建筑物及生命线工程破坏

唐山市地震前的基本烈度为Ⅵ度，所有建筑均未设防。1976 年地震震中烈度为Ⅺ度，市区大部分位于Ⅹ度以上地区，因此各类建筑破坏极为严重。表 1.9 至表 1.11 是民用建筑的破坏统计结果。

表 1.9　唐山市各类民用建筑的破坏统计

功能类别	原有面积/（10^4m^2）	严重破坏和倒塌/（10^4m^2）	破坏率/%
住宅	894.1	869.46	97.74
办公楼	80.7	71.57	88.69
学校	46.3	42.72	92.27
医院	22.5	19.24	85.51
其他	125.6	113.97	90.74
合计	1169.5	1116.95	95.53

表 1.10　唐山地区城镇各类民用建筑破坏统计

功能类别	原有面积/（10^4m^2）	严重破坏和倒塌/（10^4m^2）	破坏率/%
办公楼	19228	157.67	79.92
商业用房	181.34	141.50	78.03
医院，学校	321.05	261.40	81.42
公用建筑	72.90	67.00	91.91
其他	35.10	25.60	72.93
合计	802.67	653.17	81.08

表 1.11　天津市区及郊区大队以上公有民用建筑破坏统计

功能类别	原有面积/（10^4m^2）	严重破坏和倒塌/（10^4m^2）	破坏率/%
住宅	3127.8	2208.2	70.6
商业用房	3128.2	344.1	11.0
文教卫生	3127.1	437.8	14.0
公用建筑	3129.5	137.7	4.4
合计	12511.2	3127.8	25.0

唐山市冶金、煤炭、电力、机械、轻工和化工等工业部门约有工业建筑 $363.6×10^4 m^2$；中等破坏、严重破坏和倒塌的有 $257.3×10^4 m^2$；破坏率为 70.8%。上述企业有大型设备约 60164 台（套），报废和需大修的有 24513 台（套）。能源、通信和供水系统 85%~90% 有破坏；震后一周无水供应，两个月以后才恢复供水。震后供电全部中断；通讯中断达 40 个小时。市内公交车 69.9% 遭到破坏，13 条市内线路全部停运，三个月以后才全部恢复运行。铁路桥梁 69 座遭地震破坏，占全部桥梁的 24.6%；7 条铁路线路中断行车 96~840 小时。地震直接经济损失近 60 亿元，震后重建唐山市的费用为 52.43 亿元。

1.5.2　邢台地震

1966 年 3 月 8 日 5 点 29 分，河北省邢台发生 6.8 级地震，震中烈度 X 度；3 月 22 日 16 点 19 分东汪又发生 7.2 级地震，震中烈度 X 度；不到 20 天内连续发生的两次强烈地震，使邢台地区受到严重破坏。受到影响的还有石家庄、衡水、邯郸、保定和沧州等 6 个地区，80 个县市，1639 个乡镇，17633 个村庄；震后发生火灾 383 起。

1. 人员牲畜伤亡

邢台地震大城市受到的影响较轻，重灾区在农村，人员和牲畜的伤亡如表 1.12 和表 1.13。

2. 建筑物及生命线工程遭受的破坏

河北、山东、山西和河南等农村多数是土坯房屋，屋顶重，墙体强度低，破坏和倒塌的房屋很多；桥梁破坏 101 座。表 1.14 是邢台地震四省一市房屋破坏统计结果。

邢台地震的重灾区在农村，许多饮水和灌溉水井由于地面变形而挤扁、变形和塌陷。53 座桥梁和 47 座闸涵遭受不同程度的破坏；滏阳河有 50 余千米的河堤遭受严重破坏。各类建筑破坏造成的直接经济损失 10 亿元，重建工作投入 0.7 亿元，是新中国成立后首次遭受损失最惨重的一次地震。

表 1.12　邢台地震人员伤亡汇总（人）

省别	死亡	重伤	轻伤	受伤总数
河北省	8064	9492	28959	38451
山西省	14		68	68
山东省	13		141	141
河南省			15	15
合计	8091	9492	29183	38675

表 1.13 邢台地震牲畜伤亡汇总（头）

省别	死亡	受伤
河北省	901	795
山东省		1
山西省	16	2
合计	917	798

表 1.14 邢台地震房屋破坏统计

省（市）	产权性质	破坏间数			
		倒塌	破坏	轻微破坏	合计
河北	私有房	1270203	1347191	2466863	5084257
	公产房	33601	81871	121047	236519
山西	私有房	4269	4806	30227	39302
	私有窑洞	3002	3551	20051	26604
山东	私有房	27901	63717	196344	287962
	公有房	322	312	2000	2634
河南	私有房	555	4105	9888	14548
	公有房		2184		2184
北京	公有房	21	23	264	308
合计		1339874	1507760	2846684	5694318

注：表中破坏包括中等和严重破坏。

1.5.3 云南通海和辽宁海城地震

1970 年 1 月 5 日，云南省东南的通海、建水、峨山三县交界山区发生 7.7 级地震，震中烈度 X 度。房屋破坏严重，倒塌的房屋有 338456 间，死亡 15621 人，受伤 26783 人；经济损失 3 亿余元。这次地震场地效应甚为明显，约有 70 余处建造在孤突地形上的自然村，震害加重，成为高烈度异常区。

1975 年 2 月 4 日，辽宁省海城地区发生 7.3 级的地震；震中在海城县牌楼镇，震中烈度 IX 度。受到影响的县市有海城县、鞍山和营口市。海城县城镇总建筑面积约 $161 \times 10^4 \text{m}^2$，地震中倒塌和严重破坏的有 $75.84 \times 10^4 \text{m}^2$（占 46%）；中等破坏的有 $50.56 \times 10^4 \text{m}^2$（占 32%）；轻微破坏有 $30.34 \times 10^4 \text{m}^2$（占 19.2%）；基

本完好建筑有 $4.42×10^4m^2$（占 2.8%）。营口市区的建筑总面积约 $362×10^4m^2$，地震后重建的建筑面积为 13%，需大修者 26%，轻微破坏为 28%，基本完好的 33%。鞍山市区建筑总面积 $1189×10^4m^2$，需要重建的为 5.5，需大修的为 12.8%；轻微破坏的为 25.2%，完好的为 56.5%。海城县农村房屋约有 564600 间，其中 139100 间（25%）倒塌和严重破坏；121800 间（21%）中等破坏；111400 间（20%）轻微破坏；192300 间（34%）基本完好。两座铁路桥和 4 座公路桥破坏；54 座小型水库中的 35 座遭破坏。营口和海城两市送电线路有 41 条线跳闸，配电线路有 89 条线跳闸；营口有 13 个变电所停电 40 分钟。

这次地震死亡 1328 人，受伤 12688 人，经济损失 8.1 亿元。

从上述几个大地震造成的灾害可以看出，地震灾害发生的概率虽然比其他自然灾害低，但它在片刻之间会造成巨大的人员伤亡和自然环境、社会环境的严重破坏，给社会生活造成严重后果，危害极为严重。

1.6 现有各类房屋建筑的震害比例

20 世纪我国发生过几十次破坏性巨大的地震，特别是后半个世纪，有几次大地震发生在人口稠密的大中城市，造成巨大的经济损失和人员伤亡。在这些地震中给我们留下深刻的记忆就是由于房屋建筑和工程设施的破坏造成的经济损失和人员伤亡。所以从这些地震中总结房屋建筑和工程设施的破坏经验，对防震减灾工作有重要意义。根据近几年发生过的地震震害调查统计结果，表 1.15 至表 1.24 给出了目前现有几类主要建筑在不同地震烈度时发生不同破坏程度的比例，即经验震害矩阵，为估计现有建筑的抗震能力和在未来地震中可能造成的地震损失提供依据。

表 1.15 砖结构房屋的震害比（%）

烈度	基本完好	轻微破坏	中等破坏	严重破坏	毁坏
VI	65	28	5	2	0
VII	48	32	11	8	1
VIII	34	23	21	17	5
IX	6	9	25	45	15
X	1	3	8	23	65

表 1.16 砖柱厂房和大型砖柱仓库震害比（%）

烈度	基本完好	轻微破坏	中等破坏	严重破坏	毁坏
VI	70	23	6	1	0
VII	52	22	15	9	2
VIII	32	21	22	19	6
IX	25	17	20	19	22
X	2	11	12	26	49

表 1.17 钢筋混凝土柱单层厂房震害比（%）

烈度	基本完好	轻微破坏	中等破坏	严重破坏	毁坏
VI	60	30	10	0	0
VII	26	58	16	0	0
VIII	17	27	31	23	2
IX	5	28	39	24	4
X	15	11	26	23	26

表 1.18 剧院、大礼堂和俱乐部震害比（%）

烈度	基本完好	轻微破坏	中等破坏	严重破坏	毁坏
VI	80	18	2	0	0
VII	60	20	7	3	0
VIII	40	30	15	10	5
IX	10	20	25	35	10
X	3	15	20	37	25

表 1.19 木屋架瓦屋顶、白灰浆砌一层砖屋和砖柱土坯墙一层房屋震害比

烈度	基本完好	轻微破坏	中等破坏	严重破坏	毁坏
VI	50	29	15	5	1
VII	30	25	23	15	7
VIII	15	16	30	22	15
IX	5	15	20	25	35
X	0	3	12	15	70

表 1.20 穿斗木结构震害比（%）

烈度	基本完好	轻微破坏	中等破坏	严重破坏	毁坏
Ⅵ	50	35	10	5	0
Ⅶ	45	30	15	10	0
Ⅷ	40	25	16	15	4
Ⅸ	15	17	18	30	20
Ⅹ	2	10	18	20	50

表 1.21 木柱土坯墙土屋顶一层房屋震害比（%）

烈度	基本完好	轻微破坏	中等破坏	严重破坏	毁坏
Ⅵ	50	25	15	8	3
Ⅶ	25	24	21	20	10
Ⅷ	13	18	25	27	17
Ⅸ	5	12	18	25	40
Ⅹ	0	3	6	19	72

表 1.22 土坯窑洞震害比（%）

烈度	基本完好	轻微破坏	中等破坏	严重破坏	毁坏
Ⅵ	15	28	30	25	2
Ⅶ	8	17	18	31	26
Ⅷ	5	10	15	30	50
Ⅸ	0	5	10	25	60
Ⅹ	0	0	5	20	75

表 1.23 黄土崖窑洞震害比（%）

烈度	基本完好	轻微破坏	中等破坏	严重破坏	毁坏
Ⅵ	55	25	15	6	0
Ⅶ	30	20	22	23	5
Ⅷ	23	18	20	24	15
Ⅸ	15	12	18	25	30
Ⅹ	5	8	15	15	57

表 1.24 砖烟囱震害比（%）

烈度	基本完好	轻微破坏	中等破坏	严重破坏	毁坏
Ⅵ	53	22	15	8	2
Ⅶ	36	20	10	14	20
Ⅷ	15	11	10	25	39
Ⅸ	8	10	11	20	51
Ⅹ	0	0	15	15	70

上述表中的震害等级是按震后宏观调查和震害预测中采用的标准划分的[5,6]，它们宏观描述为：

（1）基本完好：建筑结构完好无损；或个别非承重构件有轻微损坏，不需修理可继续使用。

（2）轻微破坏：个别承重构件出现可见裂缝，少数非承重构件有明显裂缝，不需修理或稍加修理可继续使用。

（3）中等破坏：多数承重构件出现细微裂缝，部分构件有明显裂缝，个别非承重构件破坏严重，需要一般修理。

（4）严重破坏：多数承重构件破坏严重，或有局部倒塌，需要大修，个别建筑修复困难。

（5）毁坏：多数承重构件严重破坏，结构濒于崩溃或已倒毁，已无修理可能。

在破坏等级划分标准描述中，四个模糊量词的大致范围是：

个别：5%以下；少数：30%以下；部分：50%以下；多数：50%以上。

第二章　地震损失分析模型及地震危险性分析

地震损失分析工作是根据一个地区的地震危险性和社会环境，预测该地区未来可能遭受的地震损失，为制定减轻地震灾害措施提供依据，或依据一次发生了的地震现场或已知发生了的地震的有关参数评估这次地震的损失，为紧急救援提供依据。预测地震损失是地震工程学领域近几十年新发展起来的一门学科，涉及地震学、工程结构学和社会经济学。估计一个地区未来可能遭受到的地震损失是减轻地震灾害的基础工作；本章介绍的地震损失分析框架和数学模型是本书地震损失分析的基础。

2.1　地震损失

由于地球表层板块的相对运动使其边缘上积累起来的应力到达某一极限值时，造成板块间的断裂、滑移，使能量突然释放，引起地面强烈的震动和变形，造成地面上的房屋建筑、工程设施和公用设施系统的破坏，导致人员的伤亡和物质损失，以及地震时造成山体滑坡、泥石流和防洪坝的破坏引起水灾、易燃品引发的火灾等次生灾害损失，称为地震的直接损失。由于房屋建筑、工程设施和公用设施系统的破坏，使交通运输、能源供应、工业生产、商业运行、通信和社会生活受到影响；由此造成该地区国民生产总值的减少称地震的间接损失。间接损失的大小取决于地震的大小、受地震影响地区的防灾能力的强弱、灾后恢复能力、经济发达程度和人口稠密程度等因素。地震造成的直接经济损失、间接损失和人员伤亡是地震灾害的定量标志，本书统称为地震损失。

2.2　地震损失分析框架

地震损失分析，分地震发生前和地震发生后两种情况。地震发生前的地震损失分析是对未来地震可能造成的灾害损失的一种预测；地震发生后的地震损失分析是评估已经发生的地震造成的灾害损失。前者是根据地震危险性分析结果和本地区的工程结构的易损性，预测本地区未来可能发生的地震造成的灾害损失；后者是根据已发生地震的现场估计这次地震的损失。地震损失可用图 2.1 表示。图中的地震危险性是指该地区在今后一定时期内发生某一强度地震的可能性或概率，它与本地区的地震活动和地质构造有关。工程结构的易损性是指在确定强度的地震作用下结构发生某一破坏状态的概率，它与工程结构的抗震能力和设防标准有关。结构的破坏状态，本书分为五级，其一般定义见第一章，具体结构的定义见第五章。社会财富是指社会的固定资产、企业的生产能力、产品和本地区的人口密度等。框图右端三项数据按图 2.2 所示流程图顺序计算。

$$\boxed{\text{地震损失}} = \boxed{\text{地震危险性}} \times \boxed{\text{工程结构易损性}} \times \boxed{\text{社会财富}}$$

图 2.1　地震损失示意

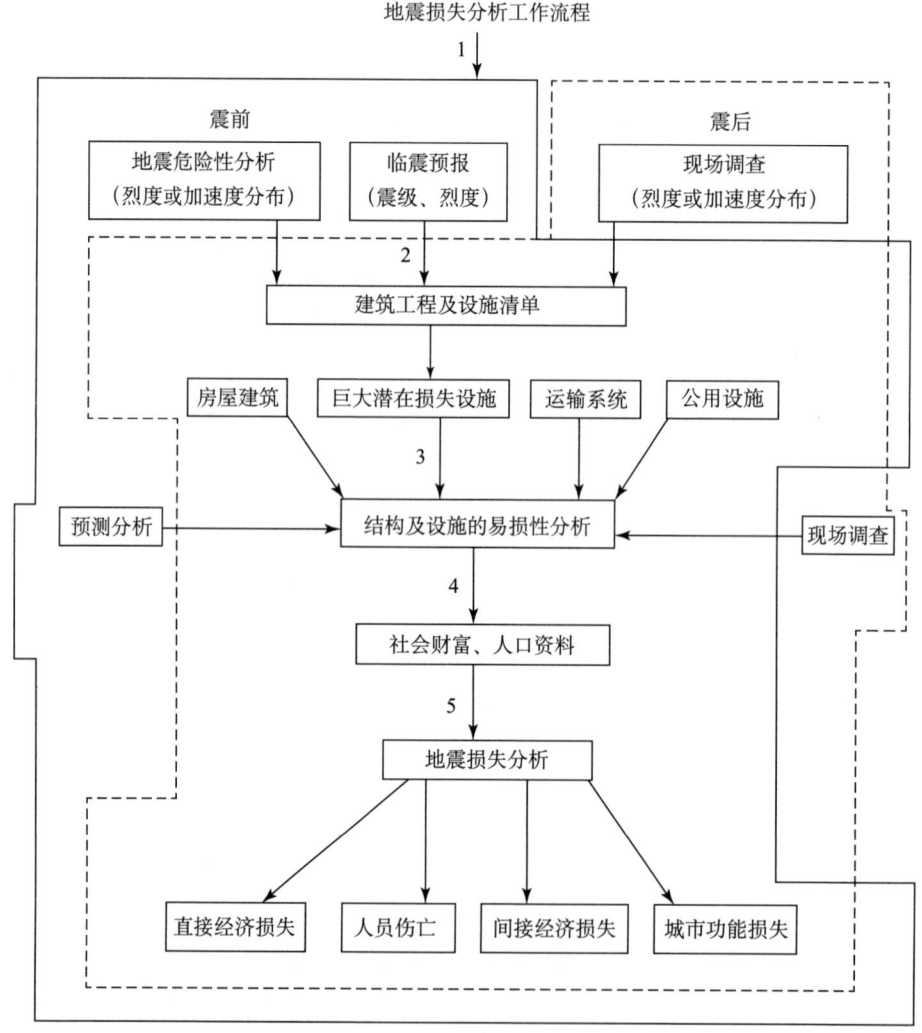

图 2.2　地震损失分析工作流程

2.3 地震损失分析的数学模型

地震时建筑物的破坏，受建筑场地的土质条件、建筑材料强度的离散性和施工质量等因素的影响，这些因素都具有不确定性，所以应把它们视为随机变量处理。

2.3.1 在未来 T 年内工程结构由于地震发生 j 级破坏状态的期望值

$$\overline{BD_{sj}} = BN_s \iint f_s(R) q_s(\mathrm{D}_j \,|\, I, \ R) f_T(I) \,\mathrm{d}R \mathrm{d}I \qquad (2.1)$$

式中 $\overline{BD_{sj}}$——第 s 类工程结构在今后 T 年内由于地震发生 j 级破坏状态的期望值；

        BN_s——该地区第 s 类工程结构的总数量（m^2 或栋数）；

        $f_s(R)$——第 s 类工程结构的抗力或屈服加速度的概率密度分布函数，属结构易损性研究内容；

    $q_s(\mathrm{D}_j \,|\, I, \ R)$——第 s 类工程结构在地震强度为 I，j 级破坏状态时与抗力或屈服加速度极限值的概率密度分布有关的变量，见式（4.21）、式（4.19）和式（4.20）；

        $f_T(I)$——在 T 年内发生地震强度为 I（烈度或加速度峰值）的概率密度分布函数，属地震危险性分析研究内容。

2.3.2 地震强度为 I 时 s 类结构发生 j 级破坏状态的数量

$$BD_{sj}(I) = BN_s \int f_s(R) q_s(\mathrm{D}_j \,|\, I, \ R) \,\mathrm{d}R \qquad (2.2)$$

2.3.3 未来 T 年内由于地震造成的直接经济损失的期望值

$$\overline{DL} = \sum_s \sum_j (w_s \cdot r_{js} + G_s \cdot \varepsilon_{js}) \iint f_s(R) q_s(\mathrm{D}_j \,|\, I, \ R) f(I) \,\mathrm{d}R \mathrm{d}I \qquad (2.3)$$

式中　w_s——第 s 类结构的总价值（单价乘总数）；

　　　G_s——第 s 类结构室内总财产；

　　　r_{js}——第 s 类结构发生 j 级破坏状态时的损失比；

　　　ε_{js}——第 s 类结构发生 j 级破坏状态时的室内总财产损失比。

2.3.4　地震强度为 I 时造成的直接经济损失

$$DL(I) = \sum_s \sum_j (w_s \cdot r_{js} + G_s \cdot \varepsilon_{js}) \int f_s(R) q_s(\mathrm{D}_j | I, R) \mathrm{d}R \qquad (2.4)$$

2.3.5　未来 T 年内由于地震造成的人员伤亡的期望值

$$\overline{DM} = \sum_s \sum_j MN_s \cdot d_{js} \iint f_s(R) q_s(\mathrm{D}_j | I, R) f(I) \mathrm{d}R \mathrm{d}I \qquad (2.5)$$

式中　MN_s——一天（24 小时）中某一段时间内 s 类结构内的人数；

　　　d_{js}——在 s 类结构发生 j 级破坏状态时结构中的死亡（或重伤）比。

2.3.6　地震强度为 I 时造成的人员伤亡数

$$DM(I) = \sum_s \sum_j MN_s \cdot d_{js} \int f_s(R) q_s(\mathrm{D}_j | I, R) \mathrm{d}R \qquad (2.6)$$

2.3.7　工程结构及公用设施的功能损失

　　工程建筑的功能损失是指地震后因受破坏而不能使用的建筑面积。公用设施中的供电、供水和供气各自构成一个网络系统，这些网络系统可分为三大部分：一是主源部分，如供电系统中的发电厂、供水系统的水厂；二是中转部分，如供电系统中的高压输电线、变电站，供水系统中的加压站、主干管道；三是用户部分，如供电系统中的配电站到用户部分，供水系统中到用户的支管线。这三部分不论哪一部分受到破坏，都会减少总供应量。震后总供应量减少的数量称为这些系统的功能损失。它们可表示为

$$FL(I) = \sum_s \sum_j A_s \cdot P_s[\mathrm{D}_j | I] f_{js} \qquad (2.7)$$

式中　　　　A_s——如果是建筑物，则表示 s 类建筑的总面积；如是供水系统，则表示震前的日供水总量，无求和问题，即 $s=1$；如是供电系统，则表示震前的日供电总量；如是供气系统，则表示震前日供气量；如是交通系统，则表示震前日车流总量；如是通讯系统，则表示震前日通户总数；这些系统都是分别计算，$s=1$；

$P_s[D_j|I]$——s 类工程结构或公用设施的震害矩阵；

f_{js}——s 类工程结构或公用设施第 j 级破坏状态的功能损失比；

s——指结构类型；公用设施是分类计算，$s=1$。

房屋建筑及各类公用设施不同破坏状态时的功能损失比定义如下：

（1）房屋 j 级破坏状态的功能损失比 $= 1 - \dfrac{j\text{级破坏后可使用的建筑面积}}{\text{震前可使用的建筑面积}}$

（2）供电、供水和供气系统 j 级破坏状态的功能损失比

$= 1 - \dfrac{j\text{级破坏后的供应量}}{\text{震前供应量}}$

（3）交通系统 j 级破坏状态的功能损失比 $= 1 - \dfrac{j\text{级破坏后 24 小时平均车流量}}{\text{震前 24 小时的平均车流量}}$

（4）通话线路 j 级破坏状态时的功能损失比 $= 1 - \dfrac{j\text{级破坏后的通话户数}}{\text{震前通话户数}}$

2.3.8　城市功能损失率

城市功能是指在保证居民具有一定生活和生产空间的条件下能源供应、交通运输、工业生产、商品流通和生活生产的服务设施之间的协调能力和运行情况，它反映一个城市社会生活和生产的稳定程度以及各方面的运行效力。城市功能损失率可用公式（2.8）计算，它是估计地震对城市影响的一个综合指标，对确定恢复重建资金的投入有指导作用。

$$WL(I) = \alpha_1 \sum_j P(D_j|I) \cdot bf_j + \alpha_2 \sum_j P_f(D_j|I) \cdot ff_j \qquad (2.8)$$

式中　　　α_i、α_2——房屋建筑和公用设施功能的加权系数；

bf_j——房屋建筑 j 级破坏的功能损失比；

$P(D_j|I)$——各类房屋按数量加权平均震害矩阵；

$P_f(D_j|I)$——公用设施按对生活、生产的重要性加权平均震害矩阵；

ff_j——公用设施 j 级破坏损失比。

2.3.9 城市功能损失对国内生产总值的影响

由于房屋建筑及公用设施的破坏，能源、交通运输、原材料供应和商品流通受到影响，生产能力和产值下降，这些影响产值的因素综合起来表现为城市功能的损失。因此一个城市生产总值的下降率可用下式估计：

$$Q(I) = WL(I)^k e^{(1-WL(I))} \tag{2.9}$$

式中 $WL(I)$——地震强度为 I 时的城市功能损失率；

k——经验常数。

震后国内生产总值的损失值不仅与下降的比例有关，还与生产能力恢复的时间和震前生产总值的增长速度有关，可由式（2.10）计算：

$$\left. \begin{aligned} IL(I) &= F_1 + F_2 \\ F_1 &= N_b \cdot T_1 - \int_0^{T_1} F_{a1}(t)\,dt \\ F_2 &= \int_0^{T_2} F_b(t)\,dt - \int_0^{T_2-T_1} F_{a2}(t)\,dt - N_b \cdot T_1 \end{aligned} \right\} \tag{2.10}$$

式中 N_b——震前本地区国内生产总值；

T_1——震后生产恢复到震前水平所需要时间（年）；

F_{a1}——震后生产恢复到震前生产水平的增长曲线；

T_2——考虑了震前生产总值的增长速度达到震前水平所需的时间；

F_b——震前国内生产总值的增长曲线；

F_{a2}——震后生产恢复到震前的年产值后国内生产总值的增长曲线。

2.3.10 生产恢复时间的估计

根据我国近几年震后恢复和目前的施工技术，震后恢复所需时间（年）由下式计算[7]：

$$T_1 = 0.003\varphi \exp(5.26\sqrt{cd(I)} + 2.53) \tag{2.11}$$

式中 φ——投资力度，原材料供应对恢复时间的影响系数（正常情况取 0.8~1.0）；

cd——所研究城市各类建筑的地震危险性指数的加权平均值[8]。

2.4　地震危险性分析

　　一个地区的地震危险性是指在一定时期内该地区发生的地震某一参数大于或等于A的概率。它与本地区的地震活动和地质构造有关，是估计未来地震对该地区危害程度的基础。分析这一概率的工作即地震危险性分析，它是地震损失分析工作流程中的第一步工作。研究一个地区的地震危险性需要进行以下几方面的工作。

2.4.1　历史地震和仪器资料的研究

　　地震地质和历史地震资料是研究本地区地震危险性首先要了解的基础资料。地震地质资料是强烈地震的痕迹记录。一次强烈地震能留下多种地质痕迹：①可以在接近地表的地层中产生断层，被长期保留下来；②在地表产生层崖；③强地震的震中区地表层会受到地震严重影响，如喷砂坑、滑坡等现象。这些地震地质现象可通过横切断层带用开槽来观察。近十年来，开槽技术及年龄测定取得了显著进展。地质痕迹的记录年代悠久，长达几十万年以上，它是我们了解可能发生地震活动的重要的地质背景资料。

　　人类有文字记载的历史不过几千年，而且不同地区有文字记载的历史也不同；我国是有文字记载最悠久的国家，较系统的可用资料也仅有 2000 年，某些地区可能只有几百年，尽管如此，历史文献资料仍不失为地震活动性分析的必不可少的重要一步，它比地质资料更为详细和准确；但是在一条断层带上，大地震可能几百年也不发生一次，所以短时期的记录可能不包括这样的地震，因此必须综合考虑历史地震资料与地震地质资料来研究未来的地震活动性。

　　地震仪器比人的感觉更灵敏，利用仪器记录可以准确地确定震源位置、震级大小和震源特性，从而确定活动断层的位置。

　　以上所述资料是研究地震危险性的重要依据。

2.4.2　潜在震源区及地震带地震活动参数

　　潜在震源区是指未来可能发生破坏性地震的地区。它不同于地震烈度区划图工作中的地震危险区。后者的时间时度小于前者，一般指的是未来可能发生最大地震的震区。

　　划分潜在震源区一般遵循下列原则和步骤：

　　（1）地震构造类比。某地区历史上虽无强震记录，但与已发生过强震的地区在构造条件上有类似的地段，可以划为具有同类震级上限的潜在震源区。

　　（2）地震活动重复原则。历史上发生过强震的地区，可认为还可以发生同类震级的地震。

地震构造类比原则一般用在同一地震带内的不同地区，或同一震区内不同地震构造带内。类比原则主要是指活动构造、新构造活动和地震活动水平的相似性，发震构造条件和应力场的一致性。

划分潜在震源可先根据地震活动、构造活动和地球物理场特征，划分出地震活动不同的地震区和地震带。然后分析地震区、地震带内地震活动空间分布特点和各级地震的发震构造条件，划出具有不同震级上限的潜在震源区。地震带内震级上限一般根据地震带的最大历史地震震级或类比结果确定。下限震级是指对工程有影响的最小震级，常取 4~4¾。

根据 Richeer 对历史地震资料的统计，震级与频度关系可用下式表示：

$$\lg N = a - bM \tag{2.12}$$

式中 N——同一地震带内发生震级分区（M，$M+\Delta M$）中的地震次数；

        M——震级；

    a、b——系数，用回归方法确定，其 b 是确定地震震级分布密度函数和各级地震年平均发生率的重要参数，潜在震源的 b 值应选取该潜在震源所在地震带的统计数值。

2.4.3　地震动衰减规律

地震动衰减是地震危险性分析中一项重要内容。地震动衰减主要受下列三种因素影响：

（1）震源破裂特征：如震源破裂尺度和方向，破裂传播是单侧还是双侧，以及破坏是否到达地表等。

（2）地震波传播介质的影响：震源到地表间传播路径中的介质物理力学性质的差异，以及传播距离等。

（3）场地条件的影响：如地形、地基土壤和地下水埋深等的影响。

研究地震动衰减规律目前有两种方法[9]，一是根据历史地震数据确定影响地震动主要参数的关系数学表达式，用回归方法求出其中的常数。二是利用现有的强震记录建立地震动参数（加速度、速度、位移、反应谱和持时）的衰减关系。但是目前有强震记录的国家并不多，而且地震动参数的衰减关系有地区性，所以使用时必须考虑它的局限性。正是因为目前有强震记录的国家还不多，在没有参数的地区使用其他地区的强震记录结果时，一般是先利用本地区的烈度衰减关系，然后再利用其他地区地震烈度与强震观测资料得到的烈度与地震动参数的关系，将烈度换算为地震动，从而得到本地的地震动衰减关系。

1. 震中烈度与震级的关系

震中烈度与地震震级和震源深度有关。一般对人民生命财产影响最大而且多数地震的震源深度为 10～30km，即在一个不大的范围内变化，所以在研究震中烈度与震级的关系时，可近似认为震源深度不变。我国在 20 世纪 70 年代研究全国烈度区划时，根据我国 1900 年以来的 152 次地震资料求得的震中烈度与震级的近似关系为

$$M = 0.66I_0 + 0.98 \qquad (h = 15 ～ 45\text{km}) \tag{2.13}$$

式中　I_0——震中烈度；

　　　　h——震源深度。

　　工程建设以近场影响为主，常用的地震动衰减规律主要是烈度衰减和地动参数的衰减。

2. 地震烈度的衰减规律

　　目前常用的衰减公式为

$$I = a_1 + a_2M - a_3\ln(R_0 + R) \tag{2.14}$$

式中　　　　　　　　M——震级；

　　　　　　　　　　R——震中距；

　　a_1、a_2、a_3 及常数 R_0——由地震等震线拟合求得。

　　烈度衰减关系的推算一般是根据等震线，通常不是平均值，而具有外包线的含意。我国第三代区划图《中国地震烈度区划图（1990）》是根据中国地震烈度的分布特点，等震线取椭圆形，分东部和西部分别求得长短轴两个方向的衰减关系式：

中国东部，

长轴：　　　　$I = 6.046 + 1.48M - 2.081 \ln(R + 25) \tag{2.15}$

短轴：　　　　$I = 2.617 + 1.435M - 1.441 \ln(R + 7) \tag{2.16}$

中国西部，

长轴：　　　　$I = 5.643 + 1.538M - 2.109 \ln(R + 25) \tag{2.17}$

短轴：　　　　$I = 2.941 + 1.363M - 1.494 \ln(R + 7) \tag{2.18}$

式中　I——地震烈度；

　　　　M——面波震级；

　　　　R——震中距（km）。

3. 地震动参数衰减规律

　　地震动参数主要是指加速度、速度和反应谱。峰值加速度 A 常用的公式为

$$A = b_1 e^{b_2 M}(b_4 + R)^{-b_3} \tag{2.19}$$

式中 b_1、b_2、b_3、b_4——因震源及场地条件而异的参数；

$\qquad R$——震中距；

$\qquad M$——震级。

不同作者得到的衰减公式也不同，表 2.1 为加速度衰减公式的几个例子[9]。

但是，世界上大部分地区往往没有或缺乏强震记录，仅有一些烈度的衰减关系，这时可用烈度的经验衰减公式，把烈度折算成地震动参数。MeGuire（1976）用 $I=f_1(A,\Delta)$ 表示峰值加速度与烈度的关系（其中 A 是地震动峰值加速度，Δ 是震源距），代入本地区的烈度衰减关系 $I=f_2(M,\Delta)$，得 $f_1(A,\Delta)=f_2(M,\Delta)$，从而得到本地区的地震动衰减规律 $A=f(M,\Delta)$，其中 M 是震级；因为 $I=f_1(A,\Delta)$ 是根据外地不同震级的地震记录数据统计出来的，所以在同一距离 Δ_1 处，$I=f_1(A,\Delta_1)$ 代表不同震级的数据。在缺乏数据时可参照表 2.2 的数据使用。

表 2.1　衰减公式

依据数据	衰减公式	建议者
世界各地	$A=1320e^{0.58M}(R+25)^{-1.52}$	Donovan（1973）
214 条圣费南多记录，100 条日本记录，356 条美国西部记录	$A=1080e^{0.5M}(R+25)^{-1.52}$	Donovan（1973）
515 条记录	$A=1230e^{0.8M}(R+25)^{-2}$	Esteva（1970）
数据不详	$A=472.3e^{0.64M}(R+25)^{-1.302}$	MeGuire（1974）
均为日本记录	$A(\text{岩石})=46\times10^{0.208M}(R+10)^{-0.686}$ $A(\text{硬土})=24.5\times10^{0.33M}(R+10)^{-0.924}$ $A(\text{次硬土})=59\times10^{0.261M}(R+10)^{-0.886}$ $A(\text{软土})=12.8\times10^{0.432M}(R+10)^{-1.112}$	日本（路桥道示方书，同解说，1980）

表 2.2　烈度与峰值加速度的关系

烈度 I	峰值加速度 $A/$（m/s²）
Ⅵ	0.45~0.87
Ⅶ	0.90~1.77
Ⅷ	1.78~3.53
Ⅸ	3.53~7.07
Ⅹ	7.08~14.14

2.4.4 地震动参数超过给定值的概率

一个场地上未来遭遇到超过某一给定地震动参数的概率（地震动参数可以是烈度、加速度和位移、速度）可表示为

$$
\begin{cases}
P(A \geq a) = \sum_{j}^{n} P(A \geq a \mid E_j) \cdot P(E_j) \\
P(A \geq a \mid E_j) = \iint \cdots \int P_j(A \geq a \mid x_1, x_2, x_3, \cdots) \cdot f_j(x_1) \cdot f_j(x_2 \mid x_1) \\
\qquad \cdot f_j(x_3 \mid x_1, x_2) \cdots f_j(x_i \mid x_1, \cdots, x_{i-1}) \mathrm{d}x_1 \cdot \mathrm{d}x_2 \cdots \mathrm{d}x_i
\end{cases}
$$

$$(2.20)$$

式中　　　A——待求某场地的地震动参数；

$\qquad$ a——给定的地震动参数；

$\qquad$ E_j——第 j 个潜在震源区发生的地震；

$\qquad$ x_i——第 j 个潜在震源区的第 i 个参数（如震级、震源距、断层破裂
$\qquad\qquad$ 长度等）；

$\qquad$ $f(\cdot)$——概率密度函数；

$\qquad$ $f(\mid)$——条件概率密度函数；

$\qquad$ $P(\mid)$——条件概率。

一次地震的震源视其形成情况，可简化为点源、浅源和面源。在点源地震的假定下，震源区参数只考虑震级 M 和震源距 R_d。这时，第 j 个震源区发生地震的震动参数超越 a 的概率为

$$
P(A \geq a \mid E_j) = \iint_{R_d M} P_j(A \geq a \mid M, R_d) \cdot f_j(M) \cdot f_j(R_d \mid M) \mathrm{d}M \mathrm{d}R_d \qquad (2.21)
$$

式中　　M——震级；

$\qquad$ R_d——震源距。

地震年平均发生次数是指一个地震带内每年发生等于和大于震级 M_0 的平均地震数（v_i），它代表地震带的地震活动水平。地震年平均发生次数是依据地震带上的 b 值对该带未来地震活动趋势预测的基础上确定的。如果一个场地附近有 n 个对该场地有影响的潜在震源区，v_j 是第 j 潜在震源区发生 $M \geq M_0$ 的地震年平均数，该场地受到影响的总年平均地震次数为

$$v = \sum_{j}^{n} v_j \qquad (2.22)$$

在第 j 潜在震源区发生一次 $M \geq M_0$ 地震的概率为

$$P(E_j) = v_j/v \qquad (2.23)$$

因此该场地发生地震动 $A \geq a$ 的地震的概率为

$$P(A \geq a) = \frac{1}{v} \sum_{j=1}^{n} v_j P(A \geq a \mid E_j) \qquad (2.24)$$

一个地震区未来地震的发生，在时间和空间上一般可视为是独立的，它的发生可视为泊松事件，对工程有影响的地震年超越概率一般很小，因此年超越概率可近似写为

$$P_1(A \geq a) \approx \sum_{j=1}^{n} v_j P(A \geq a \mid E_j) \qquad (2.25)$$

满足上述参数要求的地震的重复期为

$$T_{r1} = \Big[\sum_{j=1}^{n} v_j P(A \geq a \mid E_j) \Big]^{-1}$$

如果所研究场地的年最大地震动参数 a 在年与年之间统计上是独立的，各年的年超越概率不变，则在 T 年内地震动超越给定值 a 的概率为

$$P_T(A \geq a) = 1 - [1 - P_1(A \geq a)]^T \qquad (2.26)$$

此时地震的重复期为

$$T_{rT} = [1 - \sqrt[T]{1 - P_s(A \geq a)}]^{-1} \qquad (2.27)$$

工程设计常要求在其使用期内保证结构的可靠度。结构的可靠度与设计加速度有关，设计加速度与结构的使用期有关。例如当结构的使用期为 $T = 50$ 年，要

求风险 $P(A \geqslant a) = 10\%$，则地震的重现期为 $T_{r50} = 475$ 年，即应选用近似 500 年一遇的加速度值。表 2.3 给出了重现期与结构使用期和地震动参数超越概率的关系。

表 2.3　重现期与使用期和地震动参数超越概率的关系

超越概率/%	使用期/年					
	10	20	30	40	50	100
5	195	390	585	780	975	1950
10	95	190	285	390	475	950
20	45	90	135	180	225	449
30	29	57	84	143	140	281
40	20	40	59	79	98	196
50	15	29	44	58	72	145
60	11	22	33	44	55	110
70	9	17	25	34	42	84
80	7	13	19	25	31	63
90	5	9	14	18	22	44
95	4	7	11	14	18	34
99	3	5	7	9	11	22
99.5	2	4	6	8	10	19

　　为了描述一个地区的地震危险性，常在给定使用期及地震动参数的超越概率的条件下，用等地震动参数图表示。为此，需把所研究的地区分成小格，对每个点按既定的 $P(A \geqslant a)$ 和 T，求出相应 a，标在图上，从而勾绘出等地震动参数图。

　　在地震灾害预测中常需要地震动参数的发生概率，因此必须将超越概率换算成概率。在地震危险性分析时，地震动参数可以选地面最大加速度，也可以选地震烈度或其他参数。目前我国的抗震规范里有些地方仍以地震烈度为依据，所以本书有些地方仍采用地震烈度为地震动参数。地震动参数由超越概率变为概率按下列公式计算：

$$P_T(I = I_K) = P_T(I \geqslant I_K) - P_T(I \geqslant I_{K+1}) \tag{2.28}$$

式中　$P_T(I=I_K)$　——在 T 年内烈度或给定地震动参数 I_K 的发生概率。

综上所述，我们可以把分析一个场地的地震危险性过程分为下列四步：

第一，确定潜在震源，根据地质和历史资料勾画出对场地有影响的震源，由此得到震源和场地之间的距离分布 $f(R)$；

第二，根据历史资料，确定每一个震源的震级与发生频率的关系，由此得到震级的概率分布 $f(M)$；

第三，确定从震源到场地地震动参数通过传播介质的衰减关系；

第四，计算所讨论的场地地震动参数 A 超过 a 的概率，这个过程可以用图 2.3 表示。

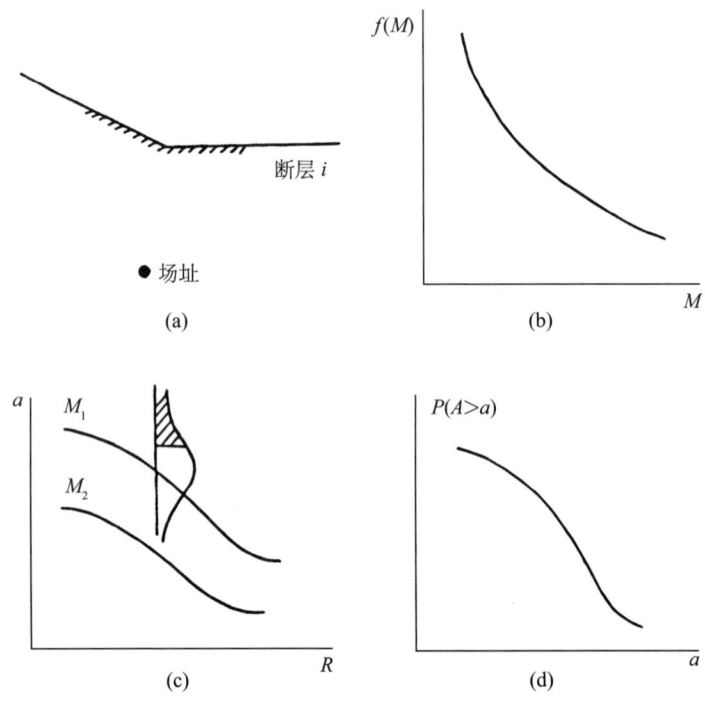

图 2.3　地震危险性分析步骤

第三章　地震动特性及结构地震反应

地震造成建筑物破坏的原因主要有两方面，多数建筑物的破坏是因为地震动使建筑物产生的惯性力大于建筑物本身的强度，造成建筑物破坏；还有一部分建筑物的破坏是因为地震引起地基不均匀下沉、液化或地面断裂造成的；或者是上述两种原因的联合影响造成破坏。在设计和估计建筑物的震害时，上述原因是分别考虑的。

3.1　表示地震动特性的物理量

对工程而言，人们要知道的最重要的是地震对结构安全方面的影响，地震动大小是这种影响的主要因素，由于不同的目的采用度量地震大小的尺度也不同。就地震学而言，地震大小是以地震震源释放出的能量多少表示，称震级；其计算公式为

$$M = \lg(A/T)_{\max} + \sigma(\Delta)$$

式中　　A——地震面波最大动位移，取两水平分向位移的矢量和（μm）；

　　　　T——相应周期（s）；

　　$\sigma(\Delta)$——补偿地震波衰减函数；

　　　　Δ——震中距（°）。

对工程而言，用震级表示地震的大小，最重要的经验是震级小于 5 级的地震一般不会造成结构的破坏，大于 5 级的地震一般是具有破坏性的地震。但是用震级来说明结构是否会发生破坏的依据是不充分的。因为震级是震源区释放的能量的大小，而结构所在场地到震源的距离和中间所经介质对结构的反应大小都是有非常重要的影响。所以震级不适宜用于表示地震对工程影响大小的物理量。地震烈度是在地面某一点观察到的建筑物受到地震动的影响程度，一般讲它是随震中距离的增大而减弱的；但由于局部地质条件的影响，异常的情况也是常有的。地震烈度是地面运动对自然物体和建筑物影响宏观描述的尺度。我国是以 12 度烈度表作为确定烈度的依据。它是根据地震的宏观破坏现象对地震强度的一种主观评定，作为抗震设计的标准有明显的缺陷。

在有了强震记录以后，可用于地震工程的地震动分析的基础资料才有了科学依据。强震加速度仪记录到的地面运动的三个分量，完整地描绘了场地作用于结构的过程。从对结构反应的影响看，每个分量最重要的特性是振幅、频率范围和持续时间。这三个物理量以不同的组合决定着各类结构的地震安全。

地震动峰值是指地震加速度、速度和位移三者之一的最大幅值或某种意义的与峰值有关的有效值。加速度最大幅值是最早用来表示地震动强弱的物理量；但是由于地震动是一个含有不同谐量的振动过程，只用一个最大幅值不能反映地震对结构的全部影响，特别是当峰值对应的频率很高时，虽然它的幅值较大但对结构的影响不大。

由于上述原因，研究者提出与峰值有关系的一个等效量的概念；希望得一个对结构反应有明显影响的物理量。与峰值有关系的等效量到目前已有多种定义法，每一种定义都有一定的主观性，如：

（1）美国 ATC-3 中定义的有效峰值加速度 EPA 和有效峰值速度 EPV：

$$\left. \begin{array}{l} EPA = S_a/2.5 \\ EPV = S_v/2.5 \end{array} \right\} \quad\quad (3.1)$$

式中　　S_a——阻尼为 5% 的加速度反应谱在周期 0.1~0.5s 范围的平均值；

　　　　S_v——速度反应谱在周期 1s 附近的平均值；

　常数 2.5——反应谱的放大倍数。

（2）持续加速度和持续速度：

Nuttli 和 Hase gawa 等提出了用第 3 到第 5 个最大加速度峰值为持续加速度。因为地震引起结构破坏需要一个积累过程，它有持续时间的含义。根据上述研究者的研究数据，持续加速度的平均值约为 $a_s = \frac{2}{3}a_{max}$；持续速度的定义与持续加速度相同，其平均值与最大速度的比值 V_s/V_{max} 略小于 2/3。

（3）持续时间：

地震的持续时间是地震对结构反应有影响的另一因素。一般讲，未造成结构破坏（即结构反应保持在弹性阶段）的小地震的持续时间对结构反应没有什么影响；但是强烈地震造成结构破坏以后，反复振动会产生破坏的积累，持续时间长的地震会加重结构的破坏；这时地震的持续时间对结构的反应就变得重要了。从宏观地震现场和理论上大家都能接受这一事实，但是到目前还没有关于地震持续时间的准确定义。最常用的两种定义是：

①确定一个加速度的大小，如 $0.1g$，在地震记录上首先达到此值到最后一个达到此值的时间为地震的持续时间。

②确定一个加速度为最大加速度的若干分之一，如 1/3；首先达到此值到最后达到此值之间的时间为地震的持续时间。

上面已叙述过，只有当结构破坏后，地震的持续时间对结构的反应才有影响；因此上面提出的两种持续时间的定义规定的加速度值，作者认为应为结构的最小屈服加速度。

（4）谱强度：

Housner 认为，取一个适当周期范围的反应谱的积分值，可能是表示地震动强度的最好的和最全面的物理量。他把这个积分定义为

$$SI = \int_{0.1}^{2.5} S_v(\varepsilon \cdot T) \, \mathrm{d}T \qquad (3.2)$$

式中　S_v——谱拟速度；

　　　T——周期；

　　　ε——阻尼比。

影响结构反应的地震动因素，受震源机制和震源到建筑场地中间介质、场地局部条件的影响，这些影响因素都具有很大的不确定性。所以地震动特征只有从统计角度上讲才有意义。

3.2　地震记录的谱特征

地震动所含频谱成分对震害的影响早为人们知晓。从地震记录可以看出，地震动不是一个简单的谐和振动，而是振幅和频率都在复杂变化着的无规则振动。但是任何不规则的振动过程都可以被看成由许多不同频率的简谐振动组成，不过这些不同频率的简谐振动在这一复杂振动中贡献大小不同而已；在复杂振动过程中，不同简谐振动的贡献与它的频率的关系叫这一复杂振动的频谱。在地震工程中常用的频谱有下列几种。

3.2.1　傅里叶谱

地震加速度 $\ddot{x}_0(t)$ 的傅里叶积分为

$$\ddot{x}_0(t) = \frac{1}{\pi} \int_0^\infty \mathrm{d}\omega \int_{-\infty}^\infty \ddot{x}_0(\tau) \cos\omega(t - \tau) \mathrm{d}\tau \qquad (3.3)$$

如果地震持续时间为 $0 \sim T$，则上式可写为

$$\ddot{x}_0(t) = \frac{1}{\pi} \int_0^\infty F(\omega) \, \mathrm{d}\omega \tag{3.4}$$

式中
$$F(\omega) = \int_0^T \ddot{x}_0(\tau) \cos\omega(t-\tau) \, \mathrm{d}\tau \tag{3.5}$$

即为地震动中频率为 ω 的谐波分量。公式（3.5）可以写成下列形式：

$$F(\omega) = A(\omega)\cos(\omega t - \varphi) \tag{3.6}$$

式中
$$A(\omega) = \left[\left(\int_0^T \ddot{x}_0(\tau)\cos\omega\tau\mathrm{d}\tau \right)^2 + \left(\int_0^T \ddot{x}_0(\tau)\sin\omega\tau\mathrm{d}\tau \right)^2 \right]^{1/2} \tag{3.7}$$

$$\varphi(\omega) = \arctan \frac{\displaystyle\int_0^T \ddot{x}_0(\tau)\sin\omega\tau\mathrm{d}\tau}{\displaystyle\int_0^T \ddot{x}_0(\tau)\cos\omega\tau\mathrm{d}\tau} \tag{3.8}$$

式（3.7）、式（3.8）中的 $A(\omega)$ 和 $\varphi(\omega)$ 是式（3.6）谐波 $F(\omega)$ 的振幅和相位，是地震动 $\ddot{x}_0(\tau)$ 中频率为 ω 的谐波分量。$A(\omega)$ 表示频率为 ω 的谐波分量在地震动中的贡献。

3.2.2 功率谱密度

功率谱密度是对一个随机过程从频率角度描述它的统计规律最主要的数字特征，它的物理意义是一个随机过程的平均功率关于频率的分布。通常我们把一次地震记录视为一个随机过程，所以地震过程的功率谱密度可以定义为它的傅里叶谱的平方平均值：

$$s(\omega) = \frac{1}{2\pi T} E\left[A(\omega)^2 \right] \tag{3.9}$$

式中 T——地震动持续时间；

$A(\omega)$——式（3.6）中谐波 $F(\omega)$ 的振幅。

3.2.3 反应谱

反应谱是固定在刚性地基上的具有一定阻尼的单质点体系在地震作用下的最大反应（图 3.1），是工程设计中描述地震动特征的重要物理量。设图 3.1 中单

质点结构的刚度为 k，阻尼系数为 ε；它的振动方程如式（3.10）；它在静止状态受到地震动加速度 $\ddot{x}_0(t)$ 的作用，初始条件为 $t=0$ 时，$x=\dot{x}=0$；方程式（3.10）的位移 $x(t)$、速度 $\dot{x}(t)$ 和绝对加速度 $\ddot{x}_0(t)+\ddot{x}(t)$ 的解，在 $\varepsilon^2\ll1$ 时分别为式（3.11）、式（3.12）和式（3.13）所示。

$$m\ddot{x}+c\dot{x}+kx=-m\ddot{x}_0 \tag{3.10}$$

$$\ddot{x}+2\varepsilon\omega\dot{x}+\omega^2x=-\ddot{x}_0$$

$$\varepsilon=\frac{c}{2\sqrt{km}} \qquad \omega=\sqrt{\frac{k}{m}}$$

$$x(t)=-\frac{1}{\omega}\int_0^t\ddot{x}_0(\tau)\mathrm{e}^{-\varepsilon\omega(t-\tau)}\cdot\sin\omega(t-\tau)\mathrm{d}\tau \tag{3.11}$$

$$\dot{x}(t)=-\int_0^t\ddot{x}_0(t)\mathrm{e}^{-\varepsilon\omega(t-\tau)}\cdot\cos\omega(t-\tau)\mathrm{d}\tau \tag{3.12}$$

$$\ddot{x}_0(t)+\ddot{x}(t)=\omega\int_0^t\ddot{x}_0(\tau)\mathrm{e}^{-\varepsilon\omega(t-\tau)}\cdot\sin\omega(t-\tau)\mathrm{d}\tau \tag{3.13}$$

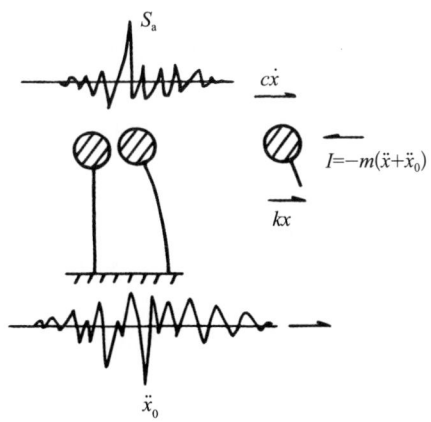

图 3.1　单质点结构地震反应

它们的最大值分别称相对位移反应谱、相对速度反应谱和绝对加速度反应谱，如式（3.14）至式（3.16）。

$$S_\mathrm{d}(\varepsilon\cdot\omega)=|x(t)|_{\max}=\left|\frac{1}{\omega}\int_0^t\ddot{x}_0(\tau)\mathrm{e}^{-\varepsilon\omega(t-\tau)}\cdot\sin\omega(t-\tau)\mathrm{d}\tau\right|_{\max} \tag{3.14}$$

$$S_{\mathrm{v}}(\varepsilon \cdot \omega) = |\dot{x}(t)|_{\max} = \left| \int_0^t \ddot{x}_0(\tau) \mathrm{e}^{-\varepsilon\omega(t-\tau)} \cdot \cos\omega(t-\tau)\mathrm{d}\tau \right|_{\max} \qquad (3.15)$$

$$S_{\mathrm{a}}(\varepsilon \cdot \omega) = |\ddot{x}_0(t) + \ddot{x}(t)|_{\max} = \omega^2 S_{\mathrm{d}}(\varepsilon \cdot \omega) \qquad (3.16)$$

如果忽略体系受到地震作用时最大动能与位能出现的时间差异，则

$$\frac{1}{2}mS_{\mathrm{v}}^2 = \frac{1}{2}m\omega^2 S_{\mathrm{d}}^2 \qquad (3.17)$$

故

$$S_{\mathrm{d}} = \frac{1}{\omega}S_{\mathrm{v}} \qquad (3.18)$$

而

$$S_{\mathrm{v}} = \left| \int_0^t \ddot{x}_0(\tau) \mathrm{e}^{-\varepsilon\omega(t-\tau)} \cdot \sin\omega(t-\tau)\mathrm{d}\tau \right|_{\max} \qquad (3.19)$$

这样计算的相对速度反应谱称拟速度谱，因为它是根据公式（3.14）中积分号后面的式子计算的，与公式（3.15）略有差别，但根据实际计算两者相差不大。

从上述结果可以看出，地震动傅里叶谱、地震动功率谱和地震动反应谱三者之间有密切关系。一个无阻尼单质点体系在振动过程中的总能量为

$$G(\omega, t) = \frac{1}{2}M\dot{x}^2 + \frac{1}{2}Kx^2 \qquad (3.20)$$

式中　　ω——单质点体系的圆频率；

　　　　M——质点质量；

　　　　K——单质点体系的刚度；

　　x 和 $\dot{x}$——质点的相对位移和相对速度。

将式（3.11）和式（3.12）代入式（3.20），并取阻尼比 $\varepsilon = 0$，得

$$G(\omega, t) = \frac{1}{2}M\left[\left(\int_0^t \ddot{x}_0(\tau)\sin\omega\tau\mathrm{d}\tau \right)^2 + \left(\int_0^t \ddot{x}_0(\tau)\cos\omega\tau\mathrm{d}\tau \right)^2 \right] \qquad (3.21)$$

上式可改写为

$$\sqrt{\frac{2G(\omega,\ t)}{M}} = \left[\left(\int_0^t \ddot{x}_0(\tau)\sin\omega\tau\mathrm{d}\tau \right)^2 + \left(\int_0^t \ddot{x}_0(\tau)\cos\omega\tau\mathrm{d}\tau \right)^2 \right]^{\frac{1}{2}} \quad (3.22)$$

比较公式（3.7）与式（3.21）可得

$$\sqrt{\frac{2G(\omega,\ t)}{M}} = A(\omega,\ t) \quad\quad (3.23)$$

由此可知，傅里叶谱就是单位质量的能量谱；无阻尼相对速度反应谱则是相对速度反应的最大值；傅里叶谱是相对速度反应在地震动终止时（$t=T$）的值。此时式（3.23）可写成：

$$\sqrt{\frac{2G(\omega,\ T)}{M}} = A(\omega,\ T) = A(\omega) \quad\quad (3.24)$$

图 3.2 是 Taft（1952 年 7 月 21 日）地震的无阻尼速度谱与傅里叶谱[10]。从图中可以看出，无阻尼速度谱总大于傅里叶谱。反应谱与傅里叶谱相比，它无地震动各频率分量的相位差，所以它不能还原到地震动。

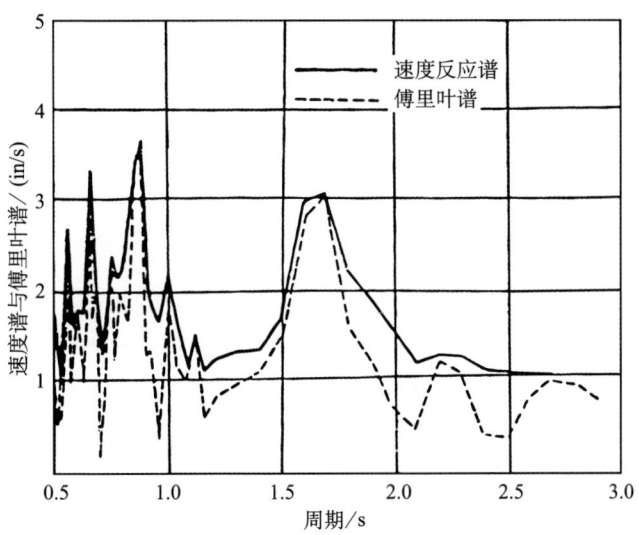

图 3.2 相对速度谱与傅里叶谱

1 in = 2.54cm，下同

功率谱是一统计量的平均值，它与傅里叶谱的关系像式（3.9）所述；而相对速度反应谱与傅里叶谱有公式（3.24）的关系，它们都能用来表示地震地面运动的特征。但反应谱更适合于工程结构的地震反应分析，特别是它可以考虑阻尼的影响。

3.3 三联反应谱和非线性反应谱

三联反应谱就是使用对数坐标把公式（3.14）、式（3.15）和式（3.16）求得的最大相对位移、绝对加速度和相对拟速度的最大反应绘在一张图上。其中拟速度并非精确的实际速度，而是真实速度的一个近似值，由于使用上方便所以常用它代替真实的速度值。在公式（3.18）已给出了位移谱与拟速度谱的关系，由此关系可得：

$$S_v = \omega S_d = \frac{S_a}{\omega} \tag{3.25}$$

三联谱的具体绘制方法是把公式（3.25）中的圆频率用自振频率 $f(\mathrm{Hz})$ 表示，并对各项取对数：

$$\left.\begin{array}{l} S_v = \omega S_d = 2\pi f S_d \\ \lg S_v = \lg f + \lg(2\pi S_d) \end{array}\right\} \tag{3.26}$$

当 S_d 为常数值时，公式（3.26）是 $\lg S_v$ 关于 $\lg f$ 具有 45°斜率的直线方程。同样由式（3.25）得

$$\left.\begin{array}{l} S_v = \dfrac{S_a}{\omega} = \dfrac{S_a}{2\pi f} \\[2mm] \lg S_v = -\lg f + \lg \dfrac{S_a}{2\pi} \end{array}\right\} \tag{3.27}$$

对 S_a 为常数值，公式（3.27）是 $\lg S_v$ 关于 $\lg f$ 具有 135°斜率的直线方程。图 3.3 是输入为 1.0g 的三联设计谱（Newmark 和 Hall，1973）[41]，它是若干个地震反应谱平均值，如果输入地震不是 1.0g，可以按比例调整谱值。

在弹性反应谱里存在公式（3.25）的关系，在三联反应谱图上可以同时表示 S_a、S_v 和 S_d；在非弹性反应中不存在上述关系，非弹性设计谱通常是一个常数延伸率的谱，它是用一个与延伸率有关的系数对弹性设计谱的折减而成的。最早采用的折减系数是弹性反应加速度与屈服加速度之比，近几年在这个基础上得到了发展。

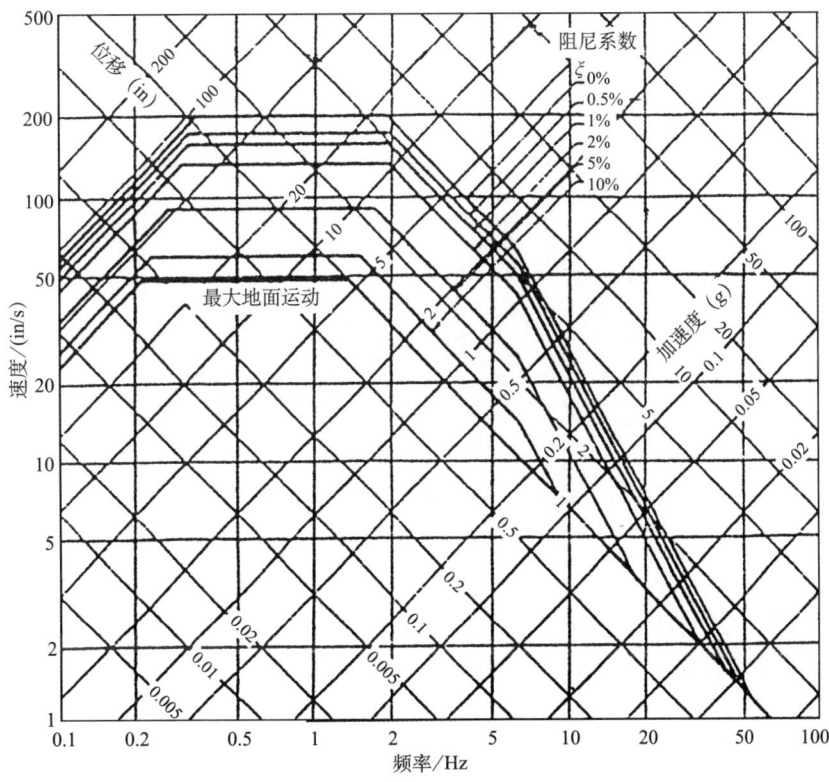

图 3.3 输入为 1.0g 的设计反应谱

图 3.4 是根据公式（3.28）给出的弹塑性体系折减系数绘制的非弹性设计谱[11]；公式（3.30）是 Krawinkler 和 Nassar（1992）给出的双线型体系的折减系数；公式（3.32）是 Vidic、Fajfar 和 Fischinger（1994）给出的双线型体系的折减系数[11]。

（1）Newmark-Hall 弹塑性体系非弹性设计谱的折减系数（最大弹性反应与屈服值之比）[11]：

$$
E_y = \begin{cases}
1 & T_n < T_a \\
(2\mu - 1)^{\beta/2} & T_a < T_n < T_b \\
(2\mu - 1)^{1/2} & T_b < T_n < T_{c'} \\
\dfrac{T_n}{T_c}\mu & T_{c'} < T_n < T_c \\
\mu & T_n > T_c
\end{cases} \tag{3.28}
$$

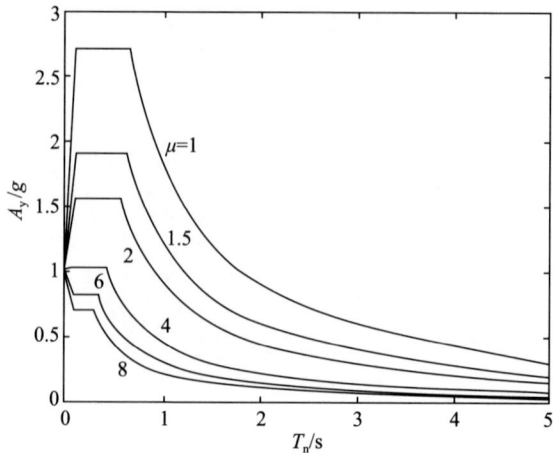

图 3.4   Newmark 和 Hall（1982）的非弹性设计谱

$$\beta = \ln(T_n/T_a)/\ln(T_b/T_a) \qquad (3.29)$$

上式中的 T_n 为结构的自振同期；T_a、T_b 和 T_c 见图 3.5；$T_{c'}$ 是非弹性设计谱里常数加速度线与常数速度线相交处的周期；μ 是延伸系数。

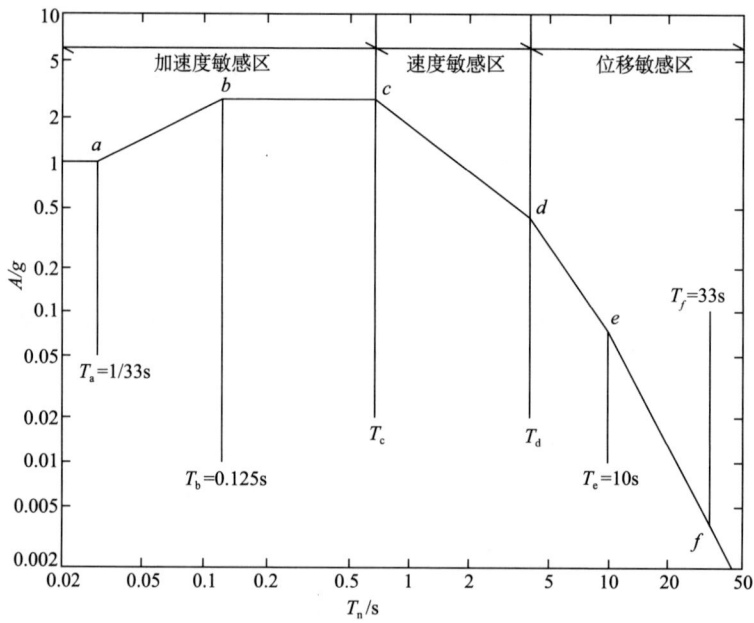

图 3.5   Newmark-Hall 弹性设计谱

（2） Krawinkler-Nassar（1992）双线型体系的非弹性设计谱的折减系数[11]：

$$E_y = [c(\mu - 1) + 1]^{1/c} \qquad (3.30)$$

其中

$$c(T_n, \alpha) = \frac{T_n^a}{1 + T_n^a} + \frac{b}{T_n} \qquad (3.31)$$

公式（3.31）中的数字系数与图 3.6 中的 α 有关，当 $\alpha = 0\%$ 时，$a = 1$，$b = 0.42$；当 $\alpha = 2\%$ 时，$a = 1$，$b = 0.37$；当 $\alpha = 10\%$ 时，$a = 0.8$，$b = 0.29$。

（3） Vibic、Fajfar 和 Fischinger（1994）双线型体系的非弹性设计谱的折减系数[11]：

$$E_y = \begin{cases} 1.35(\mu - 1)^{0.95} \dfrac{T_n}{T_0} + 1 & T_n \leqslant T_0 \\ 1.35(\mu - 1)^{0.95} + 1 & T_n > T_0 \end{cases} \qquad (3.32)$$

其中
$$T_0 = 0.75\mu^{0.2}T_c \qquad T_0 \leqslant T_c \qquad (3.33)$$

Chopra A. K. 曾用公式（3.28）、式（3.30）和式（3.32）按不同延伸率导出的非弹性设计谱进行了比较，结果基本一致[11]，说明理想弹塑性体系和双线型体系的反应无明显差异。

如果已知体系的周期、阻尼、屈服强度和双线型体系的 α（屈服后的刚度与弹性刚度之比），用公式（3.34）可以从设计反应谱求出非弹性结构的最大位移。

$$x = \mu \frac{1}{E_y} \left(\frac{T_n}{2\pi} \right)^2 A \qquad (3.34)$$

式中 A——弹性设计谱的准加速度。

文献［11］分别利用公式（3.28）、式（3.30）和式（3.32）给出的 E_y-μ-T_n 关系和公式（3.34）计算了不同周期的位

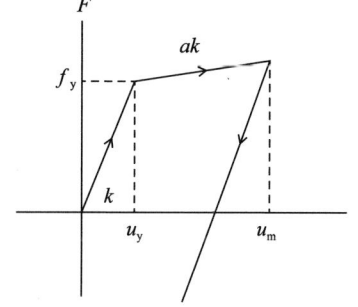

图 3.6　双线型体系力与位移的关系
f_y 为屈服强度；u_y 为屈服位移

移，三者有较好的一致性，说明这是一个可靠的估计弹塑性结构地震位移的方法。

3.4 建筑物地震反应分析方法

地震时建筑物受到的地震作用与建筑物的周期和质量有关。从理论上讲，只要地震动是已知的，不论多复杂的建筑其反应都能求解出来。问题在于未来将要发生的地震的大小和特征在设计建筑物时无法得知。在实际设计建筑物时采用的地震动称设计地震动，其特征周期根据地震区划图给出的地震大小和建筑物所在场地的土质条件确定，作为设计的依据。我国第一、第二和第三代地震区划图都用地震烈度表示地震强度，设计时用一相应的加速度作为地震动参数；2001 年我国颁布的第四代区划图《中国地震动参数区划图（2001）》，给出了峰值加速度和特征周期，根据这两个参数确定反应谱，作为设计的依据。目前反应谱方法是工程抗震设计确定地震作用最常用的方法。有些规范还规定，对复杂的结构需要用时程分析方法进行校核。

3.4.1 地震反应谱理论

如上节所述，地震反应谱是固定在刚性地基上具有一定阻尼的单质点的最大地震反应，它可以是加速度、速度和位移，如图 3.7，图中不同周期的单质点结构的反应不同，用周期作横坐标，反应作纵坐标绘出的曲线即反应谱。规范给出的反应谱是同类场地上若干个地震输入的平均反应谱。公式（3.14）至式（3.16）分别给出了位移反应谱、速度反应谱和加速度反谱；每给定一组 ε 和 ω 值可以计算出反应谱上一个点，每输入一条地震记录可以算出一条谱曲线；一般采用逐步积分的数值法实现这一计算。逐步积分法是把一个时间步长内的未知加速度的变化作出某种近似假定，从而导出一种逐步积分的格式方法。从 20 世纪50 年代计算机问世以后，逐步积分方法就成了地震反应分析的主要手段；它与振型分解方法不同，不要求系统的阻尼矩阵一定有正交性质；不过在多数问题中使用的阻尼矩阵仍是瑞利阻尼形式的。在逐步积分方法中必须注意的是它的收敛性、稳定性和精度问题。本节对这三个问题只简单叙述它的基本概念，不做深入讨论。

如果一个方程的理论解为 $A_0(t)$，由于数值求解用的积分格式是用近似方法导出的计算公式，存在着截断误差；如无初值误差、舍入误差和偶然误差，则由此计算的近似解记为 $A_1(t, \Delta t)$，其中 Δt 是积分长步；但是在实际计算中总会有舍入误差，由此计算出的近似解为实际解，记为 $A_2(t, \Delta t)$。当 $\Delta t \rightarrow 0$ 时，若 $A_1(t) \rightarrow A_0(t)$，则称解 $A_1(t)$ 是收敛的。当 Δt 一定而 $t \rightarrow \infty$ 时，若 $A_2(t)$ 有界，

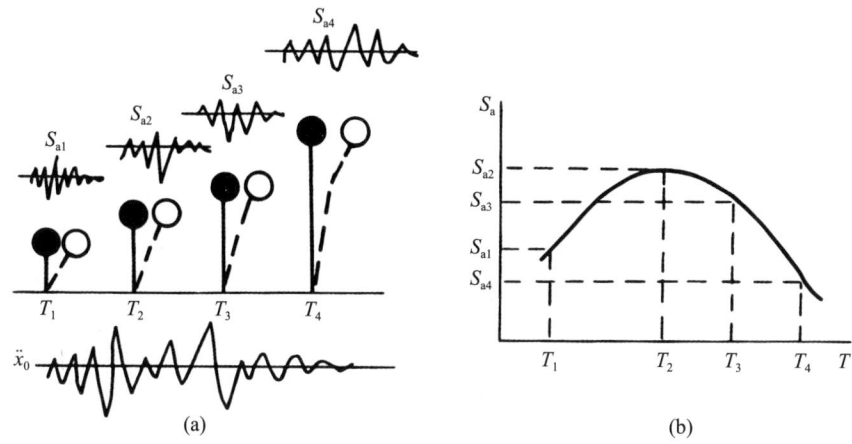

图 3.7　反应谱

（a）不同单质点结构的反应；（b）单质点结构的反应与周期的关系

则称 $A_2(t)$ 是稳定的；若 $A_2(t)$ 无界，则称它是不稳定的；若 $\Delta t < \tau_0$ 时解 $A_2(t)$ 稳定（τ_0 是一个确定的时间长度），则称积分格式为条件稳定的；若 Δt 不论取何值，解 $A_2(t)$ 都是稳定的，则称积分格式为无条件稳定。当 Δt 一定时，如不含偶然误差，由 n 个不同积分格式计算出的 n 个 $A_2(t)$，其中最接近 $A_0(t)$ 的积分格式，其精度最高。

1959 年，Newmark 提出 Newmark（γ，β）法，这是常用的一种逐步积分法，γ 和 β 是该方法中的两个参数，当 $\gamma = 1/2$ 和 $\beta = 1/4$ 时，称平均加速度。该法取 t 时刻到 $t+\Delta t$ 时刻的加速度 $\ddot{x}_t$ 和 $\ddot{x}_{t+\Delta t}$ 的平均值（图 3.8a），完成图 3.8b、c 中的积分，即得速度和位移：

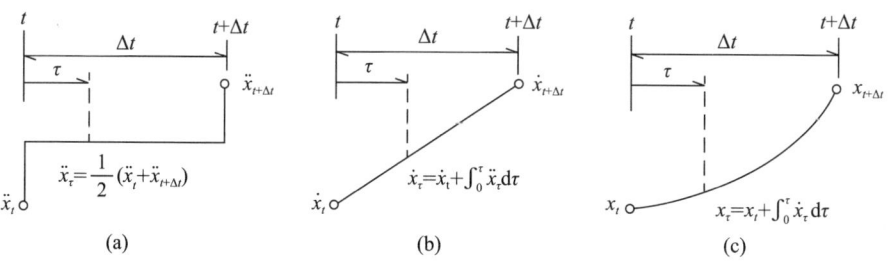

图 3.8　x、$\dot{x}$ 和 $\ddot{x}$ 在时间 Δt 内的变化（$\beta = 1/4$）

（a）加速度；（b）速度；（c）位移

$$\dot{x}_\tau = \dot{x}_t + \frac{1}{2}\tau(\ddot{x}_t + \ddot{x}_{t+\Delta t}) \qquad (3.35)$$

$$x_\tau = x_t + \tau \dot{x}_t + \frac{1}{4}\tau^2(\ddot{x}_t + \ddot{x}_{t+\Delta t}) \qquad (3.36)$$

当 $\tau = \Delta t$ 时，$\ddot{x}_\tau = \ddot{x}_{t+\Delta t}$，$\dot{x}_\tau = \dot{x}_{t+\Delta t}$，$x_\tau = x_{t+\Delta t}$，由上式得

$$\dot{x}_{t+\Delta t} = \dot{x}_t + \frac{1}{2}\Delta t(\ddot{x}_t + \ddot{x}_{t+\Delta t}) \qquad (3.37)$$

$$x_{t+\Delta t} = x_t + \Delta t \dot{x}_t + \frac{1}{4}\Delta t^2(\ddot{x}_t + \ddot{x}_{t+\Delta t}) \qquad (3.38)$$

当 $\gamma = 1/2$ 和 $\beta = 1/6$ 时，在时间间隔 Δt 内的加速度按线性变化（图 3.9），称为线性加速度法。

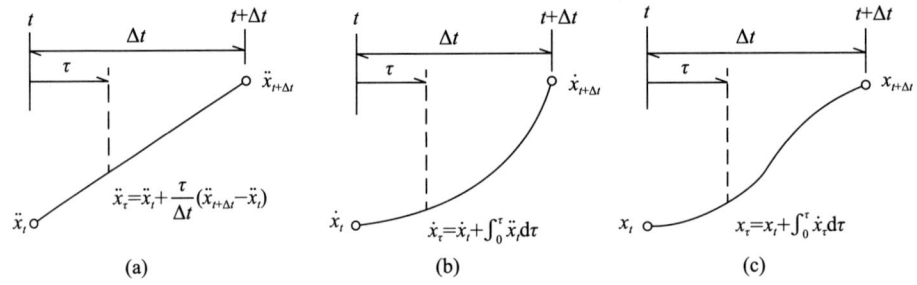

图 3.9　x、$\dot{x}$ 和 $\ddot{x}$ 在时间 Δt 内的变化（$\beta = 1/6$）
(a) 加速度；(b) 速度；(c) 位移

在时刻 τ 的加速度、速度和位移为

$$\ddot{x}_\tau = \ddot{x}_t + \frac{\tau}{\Delta t}(\ddot{x}_{t+\Delta t} - \ddot{x}_t) \qquad (3.39)$$

$$\dot{x}_\tau = \dot{x}_t + \tau \ddot{x}_t + \frac{\tau^2}{2\Delta t}(\ddot{x}_{t+\Delta t} - \ddot{x}_t) \qquad (3.40)$$

$$x_\tau = x_t + \tau \dot{x}_t + \frac{\tau^2}{2}\ddot{x}_t + \frac{\tau^2}{6\Delta t}(\ddot{x}_{t+\Delta t} - \ddot{x}_t) \qquad (3.41)$$

当 $\tau=\Delta t$ 时，

$$\ddot{x}_\tau = \ddot{x}_{t+\Delta t} \qquad \dot{x}_\tau = \dot{x}_{t+\Delta t} \qquad x_\tau = x_{t+\Delta t}$$

于是

$$\dot{x}_{t+\Delta t} = \dot{x}_t + \frac{\Delta t}{2}(\ddot{x}_t + \ddot{x}_{t+\Delta t}) \tag{3.42}$$

$$x_{t+\Delta t} = x_t + \Delta t \dot{x}_t + \frac{\Delta t^2}{3}\ddot{x}_t + \frac{\Delta t^2}{6}\ddot{x}_{t+\Delta t} \tag{3.43}$$

在逐步积分法中，从时刻 t 到时刻 $t+\Delta t$ 为一个计算步长 Δt，在计算中 Δt 可以取不等的数值，但一般情况下都取不变的步长。在已知 $\tau=0$ 时刻的位移和速度两个初始条件时，该时刻的加速度值由运动方程确定。按公式（3.40）、式（3.41）求出下一时刻的速度和位移，然后代入运动方程求出加速度；按此步骤逐步求出 $\tau=\Delta t$、$2\Delta t$、…，一直到 $n\Delta t=T$（地震记录长度）各时刻的反应。

　　理论上可以证明[12]，Newmark 方法当且仅当 $2\beta \geqslant \gamma \geqslant 1/2$ 时，对有阻尼项的线性结构动力学方程组成的积分格式是无条件稳定的。平均加速度法满足此条件，是无条件稳定的；而线性加速度法是有条件稳定的，当计算步长 Δt 为结构的最小自振周期 T_{min} 的 $1/5 \sim 1/6$ 时，有足够的精确度且是稳定的；当步长 Δt 大于 $T_n/3$ 时是不稳定的。对一般建筑而言，它的线性和非线性地震反应分析，线性加速度方法是有效的；但是对于一些更一般的结构，特别是具有复杂几何形状的有限单元理想化结构，数学模型的最短振动周期可能比对结构反应起主要作用的周期小几个数量级，此时为了避免不稳定性，要采取非常短的时间步长，不能用普通的线性加速度方法，而要用一个无条件稳定的方法来代替，而这个方法不论时间步长与最短周期比如何总不至于失败。满足这一条件的逐步积分法中最简单和最好的方法之一就是 Wilson-θ 法，它是上述线性加速度方法的一种修正。这种修正是基于对实际步长 Δt 的一个延伸的计算步长内

$$\tau = \theta \cdot \Delta t \qquad \theta > 1.37 \tag{3.44}$$

假定加速度是线性变化的，如图 3.10。在延伸的时间步长 τ 上用前述线性加速度方法计算加速度、速度和位移；然后在区间 $[t, t+\tau]$ 上对加速度反应进行线性插值，从 $t+\tau$ 时刻退回一小步 $\Delta t(\theta-1)$，求时刻 $t+\Delta t$ 时的位移、速度和加速度

值；而后再由时间点 $t+\Delta t$ 出发用时间步长 τ 求时间 $t+\tau$ 点上的位移、速度和加速度，然后再退一步 $\Delta t(\theta-1)$，求时间点 $t+\Delta t$ 时的位移、速度和加速度；这样进一大步退一小步反复这一步骤直至整个时间积分过程结束为止。如果 $\theta=1$，此法即普通的线性加速度法；只要 $\theta>1.37$，即使 τ 取值较大，计算过程也是稳定的，即此时为无条件稳定。

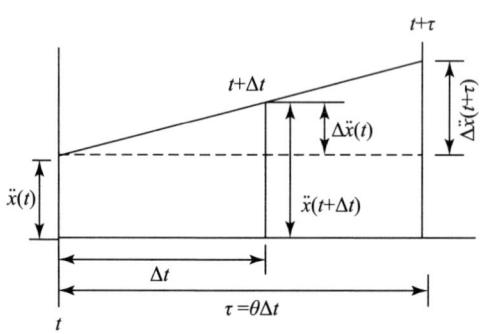

图 3.10 加速度的线性变化

下面用线性加速度法介绍计算反应谱的过程。一个单质点的运动，当 $t_1=t+\Delta t$ 时，将式（3.42）和式（3.43）代入式（3.10）得：

$$\ddot{x}_{t+\Delta t} = \left(m + k\frac{\Delta t^2}{6} + c\frac{\Delta t}{2}\right)^{-1}\left[-c\left(\dot{x}_t + \frac{\Delta t}{2}\ddot{x}_t\right) - k\left(x_t + \Delta t\dot{x}_t + \frac{\Delta t^2}{3}\ddot{x}_t\right) - m\ddot{x}_{0,\ t+\Delta t}\right]$$

$$(3.45)$$

当 $t_1=t_0=0$ 时，质点处于静止状态，所以 $\dot{x}=0$ 和 $x=0$；从式（3.10）可得 $\ddot{x}(0) = -\ddot{x}_0(0)$；以下由式（3.45）、式（3.43）和式（3.42）依次计算 $t_2=t_1+\Delta t$，$t_3=t_2+\Delta t$，$\cdots$，$t_n=t_{n-1}+\Delta t$（地震记录的长度）时刻的三个反应量，取它们绝对值的最大值：

$$S_a(\omega,\ \varepsilon) = \left|\ddot{x}(t) + \ddot{x}_0(t)\right|_{\max}$$

$$(3.46)$$

$$S_v(\omega,\ \varepsilon) = \left|\dot{x}(t)\right|_{\max}$$

$$(3.47)$$

$$S_d(\omega,\ \varepsilon) = \left|x(t)\right|_{\max}$$

$$(3.48)$$

式中 ω——单质点体系的圆频率；

ε——单质点体系的阻尼。

由于地震记录的不可重复性，同一地区不同时间发生的地震和不同地区发生的地震的记录都是不相同的；因此抗震规范给出的反应谱是具有统计意义的平均谱，是供设计用的标准谱，它与一个具体地震的反应谱在数值上和特征周期上是有差别的。一个单质点结构在地震时受到的最大地震作用等于它的有效质量乘以对应的加速度谱值：

$$P = S_{\mathrm{a}} \frac{W}{g} = k\beta W \qquad (3.49)$$

式中 S_{a}——对应于结构自振周期的谱值；

k——地震最大加速度与重力加速度之比；

β——动力放大倍数；

W——单质点结构的有效重量；

g——重量加速度。

从上式可以看出，反应谱方法使一个复杂的地震对结构的作用问题的求解，变成了一个非常简单两数相乘的计算，所以它得到了工程上广泛的应用。

3.4.2 振型叠加理论

实际工程能化为单质点结构求解地震反应的为数不多，多数结构求解地震反应的简化计算模型应该是多质点体系。多质点体系利用反应谱方法求解地震反应的理论基础是振型分解。一个有 n 个质点的体系受到地震作用，都可以由 n 个振型反应对应的质点的位移或加速度的叠加求出，如图 3.11。

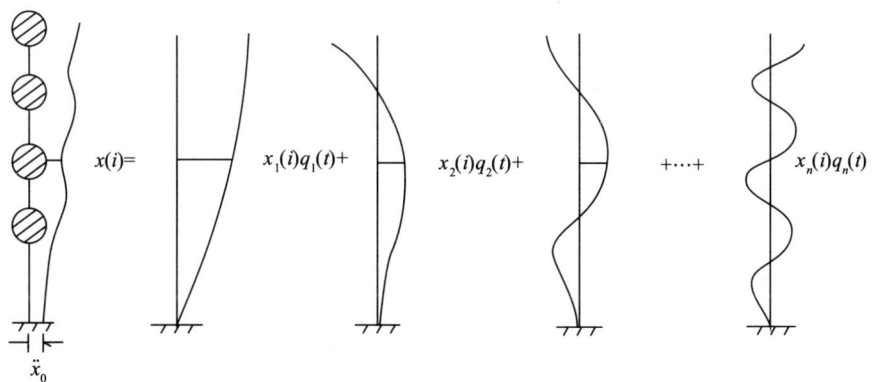

图 3.11 振型叠加

每一个振型像一个单自由体系一样对应一个周期，利用反应谱求出它的地震反应，将它们叠加后即得多质点体系的地震反应。

多质点体系运动方程一般表示为

$$\underline{M}\,\underline{\ddot{x}} + \underline{C}\,\underline{\dot{x}} + \underline{K}\,\underline{x} = -\underline{M}\,\underline{\ddot{x}}_0 \tag{3.50}$$

式中　$\underline{M}$——质量矩阵；

　　　$\underline{\ddot{x}}$——质点加速度向量；

　　　$\underline{C}$——阻尼矩阵；

　　　$\underline{\dot{x}}$——质点的速度向量；

　　　$\underline{K}$——体系的刚度矩阵；

　　　$\underline{x}$——质点的位移向量；

　　　$\underline{\ddot{x}}_0$——地震加速度。

式（3.50）的解可表示为 n 个振型的叠加：

$$\underline{x} = \sum_{J=1}^{n} \underline{X}_j q_j(t) \tag{3.51}$$

式中　　$\underline{X}_j$——第 j 振型向量；

　　　$q_j(t)$——第 j 振型的广义坐标。

在弹性振动理论中，振型具有某些特殊性质，它在动力分析中有重要作用，这些性质叫正交关系。为以下解题使用这种关系，这里先证明它的存在。首先把式（3.50）中的外力项和阻尼项去掉，则方程变为无阻尼体系的自由振动方程，图 3.11 中的振型反应曲线变为自由振动的振型，而 j 振型 i 点的变位 $X_j(i)$ 视为由自由振动的惯性力 $\omega_j^2 M(i) X_j(i)$ 产生，根据结构力学中功的互等原理，可得

$$\omega_j^2 \underline{X}_j^{\mathrm{T}} \underline{M}\,\underline{X}_k = \omega_k^2 \underline{X}_k^{\mathrm{T}} \underline{M}\,\underline{X}_j \tag{3.52}$$

式中　　ω_j^2——j 振型的圆频率；

　　　$\underline{X}_j^{\mathrm{T}}$——$j$ 振型的振型转置向量；

　　　$\underline{M}$——结构的质量矩阵；

　　　$\underline{X}_k$——k 振型的振型向量；

　　　ω_k——k 振型的圆频率。

取式（3.52）右端转置，并注意到 $\underline{M}$ 是对称的，则有

$$(\omega_j^2 - \omega_k^2)\underline{X}_j^{\mathrm{T}}\underline{M}X_k = 0 \qquad (3.53)$$

在两个振型频率不相同的条件下，式（3.53）给出了第一个正交关系：

$$\underline{X}_j^{\mathrm{T}}\underline{M}\ \underline{X}_k = 0 \qquad \omega_j \neq \omega_k \qquad (3.54)$$

由无阻尼自由振动方程可得：

$$\underline{K}\ \underline{X}_k = \omega_k^2\ \underline{M}\ \underline{X}_k \qquad (3.55)$$

用 $\underline{X}_j^{\mathrm{T}}$ 前乘式（3.55）得：

$$\underline{X}_j^{\mathrm{T}}\underline{K}\ \underline{X}_k = \omega_k^2 \underline{X}_j^{\mathrm{T}}\underline{M}\ \underline{X}_k \qquad (3.56)$$

由式（3.56）得第二正交关系：

$$\underline{X}_j^{\mathrm{T}}\underline{K}\ \underline{X}_k = 0 \qquad \omega_j \neq \omega_k \qquad (3.57)$$

在求解式（3.50）之前先假定阻尼矩阵为

$$\underline{C} = a\underline{M} + b\underline{K} \qquad (3.58)$$

上面已证明过，刚度与质量矩阵都具有正交性质，因此不难看出式（3.58）的阻尼矩阵也具有正交性质；在式（3.50）中只有具有正交性的阻尼矩阵，该式才能被按无阻尼矩阵分解为 n 个独立的方程式。将式（3.51）和式（3.58）代入式（3.50），得

$$\underline{M}\sum_j \underline{X}_j\ddot{q}_j(t) + a\underline{M}\sum_j \underline{X}_j\dot{q}_j(t) + b\underline{K}\sum_j \underline{X}_j\dot{q}_j(t) + \underline{K}\sum_j \underline{X}_jq_j(t) = -\underline{M}\ddot{x}_0$$

$$(3.59)$$

将式（3.55）代入式（3.59），两边前乘 $\underline{X}_j^{\mathrm{T}}$ 和除 $\underline{X}_j^{\mathrm{T}}\underline{M}\ \underline{X}_j$ 并考虑正交关系，得

$$\ddot{q}_j(t) + (a + b\omega_j^2)\dot{q}_j(t) + \omega_j^2 q_j = -\gamma_j\ddot{x}_0 \qquad (3.60)$$

式中 γ_j——振型参与系数,$\gamma_j = \dfrac{X_j^{\mathrm{T}} M}{X_j^{\mathrm{T}} M X_j}$

令

$$a + b\omega_j^2 = 2\varepsilon_j \omega_j$$

则式(3.60)可写为

$$\ddot{q}_j + 2\varepsilon_j \omega_j \dot{q}_j + \omega_j^2 q_j = -\gamma_j \ddot{x}_0 \qquad (3.61)$$

式中 ε_j——第 j 振型的阻尼比。

由式(3.60)可知,若两个振型的阻尼比 ε_j 已知,便可决定 a 和 b 值:

$$a = 2\omega_k \omega_j \frac{\varepsilon_j \omega_k - \varepsilon_k \omega_j}{\omega_k^2 - \omega_j^2} \qquad (3.62)$$

$$b = 2\frac{\varepsilon_k \omega_k - \varepsilon_j \omega_j}{\omega_k^2 - \omega_j^2} \qquad (3.63)$$

结构的第 1 和第 2 振型的阻尼比较容易测得,而且它们的数值相差不大,因而可近似取 $\varepsilon_1 \doteq \varepsilon_2 = \varepsilon$,所以由式(3.62)和式(3.63)得:

$$a = \frac{2\varepsilon\omega_1 \cdot \omega_2}{\omega_1 + \omega_2} \qquad b = \frac{2\varepsilon}{\omega_1 + \omega_2}$$

式(3.58)的阻尼矩阵称为瑞利阻尼,它的两个组成系数 a 和 b 一旦由式(3.62)和式(3.63)确定,各个振型的阻尼比根据式(3.64)也就确定了:

$$\varepsilon_j = \frac{1}{2}\left(\frac{a}{\omega_j} + b\omega_j\right) \qquad (j = 1, 2, \cdots, n) \qquad (3.64)$$

如果取第一和第二振型的阻尼相等,则

$$\varepsilon_j = \frac{(\omega_1 \omega_2 + \omega_j^2)\varepsilon}{(\omega_1 + \omega_2)\omega_j} \qquad (j = 3, 4, \cdots, n) \qquad (3.65)$$

比较式（3.10）与式（3.61）可以看出，除了式（3.61）右端多出一个振型参与系数 γ_j 外，其他完全一样。这说明，n 个自由度体系可以按振型分解为 n 个相当于单自由度的体系，分别求出它们的解乘上相应的振型参与系数，按式（3.51）叠加，即可得到该多自由度体系的解。

使用反应谱方法求解多质点结构的地震反应时，因为反应谱给出的振型反应是该振型反应的最大值，而各振型的最大反应一般不是同时到达，如果直接相加，其结果将大于实际结果；目前认为，采用下式各振型内力的平方和开方的结果最接近于各振型组合的真实结果：

$$s = \sqrt{\sum_i s_i^2} \qquad (3.66)$$

式中　s_i——第 i 振型的内力（如剪力、弯矩等）。

实际工程中，由于高振型的影响很小，并不需要把所有振型的内力全部求出，一般高层建筑只需求前三个振型组合即可得到满意的结果，对较矮的建筑只需求一个振型即可。应该注意的是，式（3.66）组合的是结构内力，一般不能用组合的荷载去求内力进行设计；因为这两者的计算结果是不同的。

3.4.3　多质点结构的逐步积分法

前面介绍了 Newmark（γ，β）和 Wilson-θ 两种最常用的逐步积分法的基本公式和它们的稳定性，本节介绍它们在多质点体系中的基本公式。在时刻 $t+\tau$，多质点体系的运动方程（3.50）应写为

$$\underline{M}\ddot{\underline{x}}_{t+\tau} + \underline{C}\dot{\underline{x}}_{t+\tau} + \underline{K}\underline{x}_{t+\tau} = -\underline{M}\ddot{\underline{x}}_{0,\,t+\tau} \qquad (3.67)$$

式中符号下加横线表示矩阵或向量；用线性加速度法，时刻 $t+\tau$ 时的速度和位移可由式（3.42）和式（3.43）求出，即该时刻的速度和位移可用 t 时刻的加速度、速度和位移，及 $t+\tau$ 时刻的加速度计算。将式（3.42）代入式（3.67）得：

$$\left(\underline{M} + \frac{\tau}{2}\underline{C}\right)\ddot{\underline{x}}_{t+\tau} + \underline{C}\left(\dot{\underline{x}}_t + \frac{\tau}{2}\ddot{\underline{x}}_t\right) + \underline{K}\underline{x}_{t+\tau} = \underline{P}_{t+\tau} \qquad (3.68)$$

式中，$\underline{P}_{t+\tau} = -\underline{M}\ddot{\underline{x}}_{0,t+\tau}$；$\tau$ 相当于式（3.42）和式（3.43）中的 Δt。

从式（3.43）可得：

$$\ddot{\underline{x}}_{t+\tau} = \frac{6}{\tau^2}(\underline{x}_{t+\tau} - \underline{x}_t) - \frac{6}{\tau}\dot{\underline{x}}_t - 2\ddot{\underline{x}}_t \qquad (3.69)$$

将式（3.69）代入式（3.68）得：

$$\left(\underline{K} + \frac{3}{\tau}\underline{C} + \frac{6}{\tau^2}\underline{M}\right)\underline{x}_{t+\tau} = \underline{P}_{t+\tau} + \underline{C}\left(\frac{3}{\tau}\underline{x}_t + 2\underline{\dot{x}}_t + \frac{\tau}{2}\underline{\ddot{x}}_t\right) + \underline{M}\left(\frac{6}{\tau^2}\underline{x}_t + \frac{6}{\tau}\underline{\dot{x}}_t + 2\underline{\ddot{x}}_t\right)$$

(3.70)

式（3.70）是线性加速度法对多自由度体系动力反应数值求解所用的基本方程。可以看出，该方程右端除地震输入外其他都是时刻 t 的反应，因为输入是已知的，所以右端都是已知量，左端是 $t+\tau$ 时刻的位移反应，为待求量；因此式（3.70）是关于位移反应 $x_{t+\tau}$ 的一个线性方程组。一旦从式（3.70）解得 $x_{t+\tau}$ 后，由式（3.42）得：

$$\underline{\dot{x}}_{t+\tau} = \underline{\dot{x}}_t + \frac{\tau}{2}(\underline{\ddot{x}}_t + \underline{\ddot{x}}_{t+\tau})$$

(3.71)

因此利用以上公式计算结构反应的步骤是：首先由初始条件确定 $\dot{x}$、x；然后由式（3.67）确定初始加速度；再由式（3.70）、式（3.69）和式（3.71），从 $t=\tau$ 起步算 $t=2\tau$ 时刻体系的位移、速度和加速度；逐步计算 $t=3\tau$、$4\tau\cdots$各时刻体系的反应，一直计算到地震终止。

前面讨论过，线性加速度方法是一种有条件稳定的方法，它对计算步长有一定的限制，否则就会出现不稳定现象。在此基础上给出的 Wilson-θ 法，只要 $\theta>$ 1.37 就无条件稳定。在按线性加速度方法求出 $\underline{\ddot{x}}_{t+\tau}$ 后，用内插方法求出 $t+\Delta t$ 时刻的反应：

$$\underline{\ddot{x}}_{t+\Delta t} = \underline{\ddot{x}}_t + \frac{1}{\theta}(\underline{\ddot{x}}_{t+\tau} - \underline{\ddot{x}}_t) = \underline{\ddot{x}}_t + \frac{1}{\theta}\left(\frac{6}{\tau^2}\underline{x}_{t+\tau} - \frac{6}{\tau^2}\underline{x}_t - \frac{6}{\tau^2}\underline{\dot{x}} - 2\underline{\ddot{x}}_t\right)$$

(3.72)

由式（3.42）和式（3.43）得：

$$\underline{\dot{x}}_{t+\Delta t} = \underline{\dot{x}}_t + \frac{\Delta t}{2}(\underline{\ddot{x}}_t + \underline{\ddot{x}}_{t+\Delta t})$$

(3.73)

$$\underline{x}_{t+\Delta t} = \underline{x}_t + \Delta t\underline{\dot{x}}_t + \frac{\Delta t^2}{6}(2\underline{\ddot{x}}_t + \underline{\ddot{x}}_{t+\Delta t})$$

(3.74)

其中 Δt 是实际计算步长。式（3.72）至式（3.74）是最后计算结果。因此，Wilson-θ 法是先用式（3.69）至式（3.71），再用式（3.72）至式（3.74）反复计算，一直到地震输入记录的终点。

3.5 结构的弹塑性地震反应

由于地震是低概率事件，且作用时间短，因此建筑工程的地震可靠度比静力荷载低很多。在强烈地震作用下，允许建筑发生一定程度的破坏而进入弹塑性阶段。结构进入弹塑性阶段后，结构的振型和周期已不复存在，反应谱理论和振型分解方法不再适用，所以，对建筑物在地震作用下的弹塑性反应的研究，对改进建筑物的抗震设计非常重要。逐步积分方法是研究建筑物地震弹塑性反应的重要手段。

3.5.1 钢筋混凝土构件的恢复力模型

结构构件的力与位移的关系，在弹性阶段是线性的，超过弹性极限后，变成非线性关系。这种关系是通过很多个构件的试验，对每次试验的每个循环屈服点和它们的卸荷点的联线构成的骨架的统计平均曲线。目前最常用的恢复力骨架曲线的模型有以下四种：

1. 双线型恢复力模型

如图 3.12，构件屈服后，刚度变为 k_1，到 B 点卸荷后刚度又回到 k_0；如果 $k_1 = 0$，则为理想弹塑性模型。这种模型最早用在钢结构和钢筋混凝土结构的弹塑性分析里。

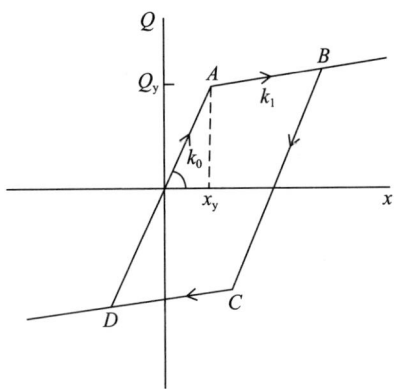

图 3.12 双线型恢复力

2. 双线型刚度退化型恢复力模型

如图 3.13，构件屈服后，刚度变为 k_1，卸荷时的刚度为 k_2、k_4、$\cdots$、k_{2i}，i 是卸荷次数。Nielsen 曾建议 $k_{2i} = \left(\dfrac{x_y}{x_{2i}}\right)^{\alpha} k_0$，其中 x_y 是屈服位移，x_{2i} 是第 i 次卸荷的位移，α 是刚度退化系数。这个模型反映了钢筋混凝土结构随反复荷载的作用刚度逐步降低，是常用一种恢复力模型。

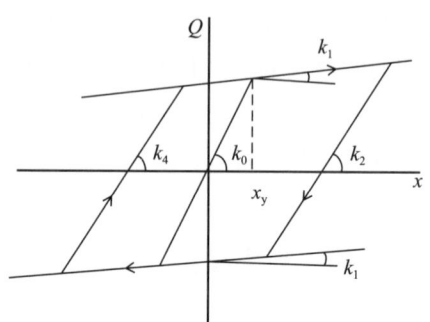

图 3.13 双线型刚度退化恢复力

3. 加荷指向卸荷点刚度退化双线型恢复力模型

如图 3.14，加荷载时，每次的刚度都不同，但卸荷的刚度每次都相同。

4. Takeda 三线型恢复力模型。

如图 3.15，这个模型考虑混凝土开裂对刚度的影响，加荷时力与位移的关系朝着卸荷时的位置变化，卸荷刚度有退化。

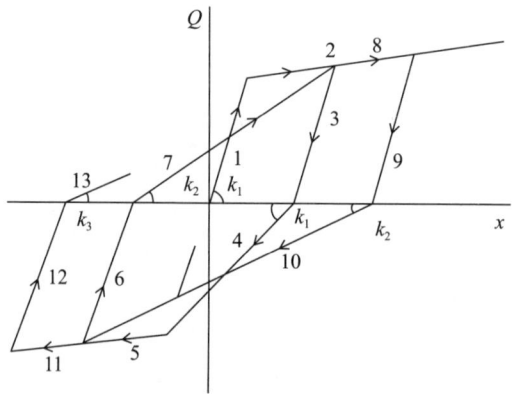

图 3.14 加荷指向卸荷点模型

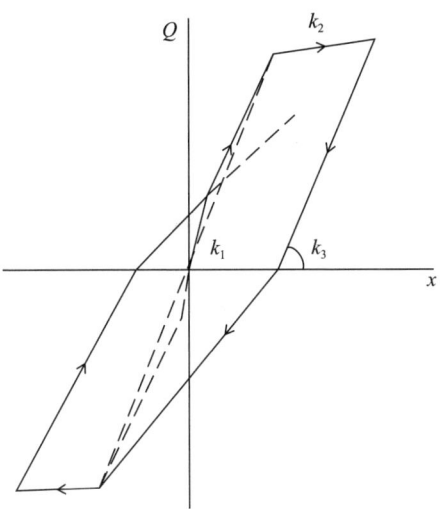

图 3.15 Takeda 三线型模型

3.5.2 结构分析模型

采用什么样的计算模型，取决于分析的目的。如果通过分析想了解结构每个杆件的破坏情况，就需要建立杆件系统的有限元模型；如果要了解结构破坏后楼层之间的变位关系以及结构的整体变化，则应采用结构的质量按楼层集中在楼板高度处的多质点模型。编写本节有两个目的：一是从抗震设计角度通过结构的弹塑性地震反应分析，了解结构进入塑性阶段后结构整体反应的变化和楼层之间的变位关系；二是提供结构弹塑性地震反应的分析过程和求解过程中的有关问题。基于上述目的，本节采用整体结构的多质点分析模型，因为大部分结构在地震时的振动呈剪切变形形式，所以这个分析模型是多质点的层间剪切模型，如图3.16。所谓剪切变形是指结构振动时，楼板之间保持水平移动，无转动或转动影响可忽略，但楼层间的构件可能是弯曲变形也可能是剪切变形，这要视它们的几何尺寸和抗弯曲、抗剪刚度而定。在地震现场几乎没有发现过一个多层建筑的一边柱子或墙体是完全受拉或受压破坏的例子。这一事实说明多数结构的整体抗弯刚度大于抗剪刚度，所以采用剪切变形模型对多数结构是合理的。恢复力模型采用双线型有退化刚度的模型；第 r 层的恢复力模型如图 3.17。

图 3.17 中，$u_{r1} = u_{ry}$ 是屈服位移；$k_{r1} = k_{r0}(1-\lambda)$ 是屈服后的刚度，λ 是一常数，由材料性质和屈服点确定；k_{r2}、k_{r4}、$\cdots$、$k_{r2i} = k_{r0}\left(\dfrac{u_{ry}}{u_{r2i}}\right)^{\alpha}$ 是卸荷时的刚度，$i = 1$、2、$\cdots$、n 是卸荷次数；α 是经验常数；$\dot{u}_r$ 是 r 层的相对速度。

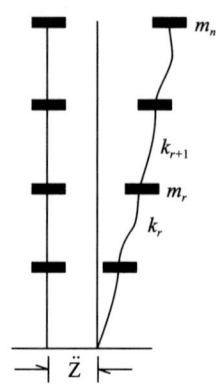

图 3.16 多质点剪切模型

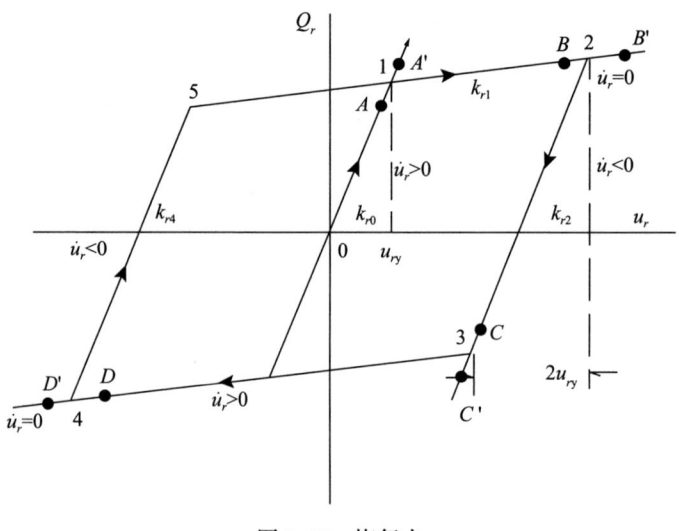

图 3.17 恢复力

由图 3.17，第 r 层的构件在不同变形阶段时的内力如下：

（1）弹性阶段（0—1，$u_r < u_y$，$\dot{u}_r > 0$），

$$Q_r = k_{r0}u_r \qquad u_r = x_r - x_{r-1} \qquad (3.75)$$

（2）进入正塑性区（1—2，$u_r > u_y$，$\dot{u}_r > 0$）

$$Q_r = \lambda k_{r0}u_y + (1 - \lambda)k_{r0}u_r = s_{r(1-2)} + (1 - \lambda)k_{r0}(x_r - x_{r-1}) \qquad (3.76)$$

（3）进入负塑性区（3—4，$u_{r(3-4)} < u_{r2} - 2u_{ry}$，$\dot{u}_r < 0$），

$$Q_r = -\lambda k_{r0} u_y + (1-\lambda) k_{r0} u_r = s_{r(3-4)} + (1-\lambda) k_{r0} (x_r - x_{r-1}) \quad (3.77)$$

（4）返回正弹性区（4—5，$u_{r(4-5)} > u_{r4} + 2u_{ry}$，$\dot{u}_r > 0$），

$$Q_r = -\lambda k_{r0} u_y + [(1-\lambda) k_{r0} - k_{r4}] u_{r4} + (1-\lambda) k_{r4} u_r$$
$$= s_{r(3-4)} + (1-\lambda) k_{r4} (x_r - x_{r-1}) \quad (3.78)$$

（5）返回负弹性区（2—3，$u_{r2-3} < u_{r2}$，$\dot{u}_r < 0$），

$$Q_r = \lambda k_{r0} u_{ry} + [(1-\lambda) k_{r0} - k_{r2}] u_{r2} + (1-\lambda) k_{r2} u_r$$
$$= s_{r(2-3)} + (1-\lambda) k_{r2} (x_r - x_{r-1}) \quad (3.79)$$

式中　u_{r2}、u_{r4}、$\cdots$、u_{r2i}；x_{r2}、x_{r4}、$\cdots$、x_{r2i}（$i = 1$，2，$\cdots$，n）
——第 r 层第 i 次卸荷时的层间相对位移和楼层位移。

图 3.16 中第 r 质点的运动方程为

$$m_r \ddot{x}_r - c_{r+1} (\dot{x}_{r+1} - \dot{x}_r) + c_r (\dot{x}_r - \dot{x}_{r-1}) - k_{r+1} (x_{r+1} - x_r)$$
$$- s_{r+1} + k_r (x_r - x_{r-1}) + s_r = -m_r \ddot{z} \quad (3.80)$$

整理后得：

$$m_r \ddot{x}_r - c_r \dot{x}_{r-1} + (c_r + c_{r+1}) \dot{x}_r - c_{r+1} \dot{x}_{r+1} - k_r x_{r-1}$$
$$+ (k_r + k_{r+1}) x_r - k_{r+1} x_{r+1} - s_{r+1} + s_r = -m \ddot{z} \quad (3.81)$$

取式（3.58）的阻尼矩阵：

$$C = a\underline{M} + b\underline{K}$$

式中符号见式（3.58）。

将阻尼矩阵中的对应项代入式（3.81）得：

$$m_r \ddot{x}_r - bk_r \dot{x}_{r-1} + am_r \dot{x}_r + b(k_r + k_{r+1}) \dot{x}_r - bk_{r+1} \dot{x}_{r+1} - k_r \dot{x}_{r-1}$$

$$+ (k_r + k_{r+1})x_r - k_{r+1}x_{r+1} - s_{r+1} + s_r = - m_r\ddot{z} \tag{3.82}$$

上式是 n 个质点系统第 r 质点的运动方程。下面用逐步积分法求解该质点系统的方程组。如果 $t=t_{i-1}$ 时刻的 $x_{r,i-1}$、$\dot{x}_{r,i-1}$ 和 $\ddot{x}_{r,i-1}$ 已知，则 $t=t_i$ 时刻的 x_{ri}、$\dot{x}_{ri}$ 和 $\ddot{x}_{ri}$ 由下式求出：

$$x_{r,i} = x_{r,i-1} + \Delta t_i\dot{x}_{r,i-1} + \frac{\Delta t_i^2}{3}\ddot{x}_{r,i-1} + \frac{\Delta t_i^2}{6}\ddot{x}_{r,i} \tag{3.83}$$

$$\dot{x}_{r,i} = \dot{x}_{r,i-1} + \frac{\Delta t_i}{2}\ddot{x}_{r,i-1} + \frac{\Delta t_i}{2}\ddot{x}_{r,i} \tag{3.84}$$

$$\ddot{x}_{r,i} = -\ddot{z}_i - \frac{s_{r,i} - s_{r+1,i}}{m_r} + \frac{k_r}{m_r}x_{r-1,i} - \frac{k_r + k_{r+1}}{m_r}x_{r,i} + \frac{k_{r+1}}{m_r}x_{r+1,i}$$
$$+ \frac{bk_r}{m_r}\dot{x}_{r-1,i} - \frac{am_r + b(k_r + k_{r+1})}{m_r}\dot{x}_{r,i} + \frac{bk_{r+1}}{m_r}\dot{x}_{r+1,i} \tag{3.85}$$

将式（3.83）和式（3.84）代入式（3.85）得：

$$\ddot{x}_{r,i} = -\ddot{z} - \frac{s_{r,i} - s_{r+1,i}}{m_r} + \frac{k_r}{m_r}\left[x_{r-1,i-1} + \Delta t_i\dot{x}_{r-1,i-1} + \frac{\Delta t_i^2}{3}\ddot{x}_{r-1,i-1} + \frac{\Delta t_i^2}{6}\ddot{x}_{r-1,i}\right]$$
$$- \frac{k_r + k_{r+1}}{m_r}\left[x_{r,i-1} + \Delta t_i\dot{x}_{r,i-1} + \frac{\Delta t_i^2}{3}\ddot{x}_{r,i-1} + \frac{\Delta t_i^2}{6}\ddot{x}_{r,i}\right]$$
$$+ \frac{k_{r+1}}{m_r}\left[x_{r+1,i-1} + \Delta t_i\dot{x}_{r+1,i-1} + \frac{\Delta t_i^2}{3}\ddot{x}_{r+1,i-1} + \frac{\Delta t_i^2}{6}\ddot{x}_{r+1,i}\right]$$
$$+ \frac{bk_r}{m_r}\left[\dot{x}_{r-1,i-1} + \frac{\Delta t_i}{2}\ddot{x}_{r-1,i-1} + \frac{\Delta t_i}{2}\ddot{x}_{r-1,i}\right]$$
$$- \frac{am_r + b(k_r + k_{r+1})}{m_r}\left[\dot{x}_{r,i-1} + \frac{\Delta t_i}{2}\ddot{x}_{r,i-1} + \frac{\Delta t_i}{2}\ddot{x}_{r,i}\right]$$
$$+ \frac{bk_{r+1}}{m_r}\left[\dot{x}_{r+1,i-1} + \frac{\Delta t_i}{2}\ddot{x}_{r+1,i-1} + \frac{\Delta t_i}{2}\ddot{x}_{r+1,i}\right] \tag{3.86}$$

整理后得：

$$A_r \ddot{x}_{r-1,\,i} + B_r \ddot{x}_{r,\,i} + C_r \ddot{x}_{r+1,\,i} = F_r \tag{3.87}$$

如果取等步长，式中，

$$A_r = -\frac{\Delta t k_r}{2m_r}\left(\frac{\Delta t}{3} + b\right) \qquad r = 2,\ 3,\ \cdots,\ n$$

$$B_r = \frac{\Delta t}{2m_r}\left[\frac{2m_r}{\Delta t} + am_r + b(k_r + k_{r+1}) + (k_r + k_{r+1})\frac{\Delta t}{3}\right] \qquad r = 1,\ 2,\ \cdots,\ n$$

$$C_r = -\frac{\Delta t k_{r+1}}{2m_r}\left(\frac{\Delta t}{3} + b\right) \qquad r = 1,\ 2,\ \cdots,\ n$$

$$F_r = \left(\frac{k_r}{m_r}\cdot\frac{\Delta t^2}{3} + \frac{bk_r}{m_r}\cdot\frac{\Delta t}{2}\right)\ddot{x}_{r-1,\,i-1} - \left[\frac{\left[am_r + b(k_r + k_{r+1})\right]}{m_r}\frac{\Delta t}{2} + \frac{(k_r + k_{r+1})}{m_r}\frac{\Delta t^2}{3}\right]$$

$$\cdot\ddot{x}_{r,\,i-1} + \left[\frac{bk_{r+1}}{m_r}\frac{\Delta t}{2} + \frac{k_{r+1}}{m_r}\frac{\Delta t}{3}\right]\ddot{x}_{r+1,\,i-1} + \left[\frac{bk_r}{m_r} + \frac{k_r}{m_r}\Delta t\right]\dot{x}_{r+1,\,i-1}$$

$$- \left[\frac{am_r + b(k_r + k_{r+1})}{m_r} + \frac{k_r + k_{r+1}}{m_r}\Delta t\right]\dot{x}_{r,\,i-1} + \left[\frac{k_{r+1}}{m_r}\Delta t + \frac{bk_{r+1}}{m_r}\right]\dot{x}_{r+1,\,i-1}$$

$$+ \frac{k_r}{m_r}x_{r-1,\,i-1} - \frac{k_r + k_{r+1}}{m_r}x_{r,\,i-1} + \frac{k_{r+1}}{m_r}x_{r+1,\,i-1} + \frac{s_{r+1,\,i} - s_{r,\,i}}{m_r} - \ddot{z}_i$$

$$r = 1,\ 2,\ \cdots,\ n$$

式 (3.87) 是 n 个质点体系第 r 个质点的运动方程，n 个质点有 n 个类似于式 (3.87) 的运动方程，用下面的矩阵表示：

$$\begin{bmatrix} B_1 & C_1 & & & & & \\ A_2 & B_2 & C_2 & & & & \\ & & \cdots & & & & \\ & & A_r & B_r & C_r & & \\ & & & & \cdots & & \\ & & & & A_{n-1} & B_{n-1} & C_{n-1} \\ & & & & & A_n & B_n \end{bmatrix} \begin{bmatrix} \ddot{x}_{1,\,i} \\ \ddot{x}_{2,\,i} \\ \vdots \\ \ddot{x}_{r,\,i} \\ \vdots \\ \ddot{x}_{n-1,\,i} \\ \ddot{x}_{n,\,i} \end{bmatrix} = \begin{bmatrix} F_1 \\ F_2 \\ \vdots \\ F_r \\ \vdots \\ F_{n-1} \\ F_n \end{bmatrix} \tag{3.88}$$

式 (3.88) 是一个 n 阶常系数方程组，右端是时刻 t_{i-1} 反应量和 $t_i = t_{i-1} + \Delta t$ 时刻要输入的物理量，均为已知，所以解式 (3.88) 即可得出时刻 t_i 各质点的加速度反应；然后由式（3.83）和（3.84）求出时刻 t_i 各质点的位移和速度。将已求得的时刻 t_i 的位移、速度和加速度，以及下一时刻 $t_{i+1}=t_i+\Delta t$ 的输入量代入式（3.88），解出 t_{i+1} 时刻的加速度；重复这步骤一直计算到地震终止，即可得出全部反应的位移、速度和相对加速度。解方程式（3.88）是求解动力反应问题，它的初始条件是 $t=t_0=0$ 时 $\{x\}_{t=0}=0$，$\{\dot{x}\}_{t=0}=0$；由式（3.80）可得初始相对加速度的初值 $\{\ddot{x}\}_{t=0}=-\{\ddot{z}\}$；以此起始计算，按上述步骤求解直至地震终止。

3.6 具有三对角线矩阵系数的方程的特殊解法

方程式（3.88）的系数矩阵是一个三对角线矩阵，对有这样系数的方程有一种特殊的解法，可使求解工作大为减小。现将式（3.88）展开，为书写方便去掉未知数上的时间角标得：

$$
\begin{cases}
B_1\ddot{x}_1 + C_1\ddot{x}_2 & = F_1 & (3.88-1)\\
A_2\ddot{x}_1 + B_2\ddot{x}_2 + C_2\ddot{x}_3 & = F_2 & (3.88-2)\\
\cdots\\
A_r\ddot{x}_{r-1} + B_r\ddot{x}_r + C_r\ddot{x}_{r+1} & = F_r & (3.88-r)\\
A_{r+1}\ddot{x}_r + B_{r+1}\ddot{x}_{r+1} + C_{r+1}\ddot{x}_{r+2} & = F_{r+1} & (3.88-(r+1))\\
\cdots\\
A_{n-1}\ddot{x}_{n-2} + B_{n-1}\ddot{x}_{n-1} + C_{n-1}\ddot{x}_n & = F_{n-1} & (3.88-(n-1))\\
A_n\ddot{x}_{n-1} + B_n\ddot{x}_n & = F_n & (3.88-n)
\end{cases}
$$

对多质点运动方程，$B_1\neq 0$，因此从式（3.88-1）可解出：

$$\ddot{x}_1 = -\frac{C_1}{B_1}\ddot{x}_2 + \frac{F_1}{B_1} = U_1\ddot{x}_2 + V_1 \qquad (3.89-1)$$

将式（3.89-1）代入式（3.88-2）可解出：

$$\ddot{x}_2 = -\frac{C_2}{A_2U_1+B_2}\ddot{x}_3 + \frac{F_2-A_2V_1}{A_2U_1+B_2} = U_2\ddot{x}_3 + V_2 \qquad (3.89-2)$$

由此可推出：

$$\ddot{x}_r = U_r\ddot{x}_{r+1} + V_r \qquad (3.89-r)$$

为了求得 U_r 及 V_r 的递推公式，把上式代入式（3.88-（r+1））, 可解出:

$$\ddot{x}_{r+1} = -\frac{C_{r+1}}{A_{r+1}U_r + B_{r+1}}\ddot{x}_{r+2} + \frac{F_{r+1} - A_{r+1}V_r}{A_{r+1}U_r + B_{r+1}} = U_{r+1}\ddot{x}_{r+2} + V_{r+1}$$

$$(3.89-(r+1))$$

所以

$$U_{r+1} = -\frac{C_{r+1}}{A_{r+1}U_r + B_{r+1}} \qquad V_{r+1} = \frac{F_{r+1} - A_{r+1}V_r}{A_{r+1}U_r + B_{r+1}} \qquad (3.90-r)$$

$$(r = 0, 1, \cdots, n-2)$$

由式（3.88-（n-1））和式（3.88-n）可解出:

$$x_n = \frac{F_n - A_n V_{n-1}}{A_n U_{n-1} + B_n} \qquad (3.90-n)$$

将上式代入式（3.89-（n-1））中可解出 $\ddot{x}_{n-1}$，再依次代入式（3.89-（n-2））…式（3.89-1）就可以求出 $\ddot{x}_{n-2}$、$\ddot{x}_{n-3}$、$\cdots$、$\ddot{x}_2$、$\ddot{x}_1$。

上述计算过程就是将消去法用在解特殊系数矩阵的方程组中，利用式（3.90-r）计算 U_{r+1}、V_{r+1} 的过程就相当于消去过程，用式（3.89-r）计算 $\ddot{x}_r$ 就是相当回代过程，这里称求 U_r、V_r 的过程为"追"的过程，求 $\ddot{x}_r$ 的过程为"赶"的过程。

用上述方法解具有三角矩阵系数的方程组时，必须保证在式（3.89-r）中 $r=1$、2、$\cdots$、n 时，分母 $A_r U_{r-1}+B_r$ 都不为零，否则计算将中断。保证分母不为零的充分条件是：式（3.88）形状的三对角线系数矩阵，必须满足下列两个条件:

(1) $C_r \neq 0$　　$r=1, 2, \cdots, n-1$

(2) $|B_1| \geqslant |C_1|$

　　$|B_r| \geqslant |A_r| + |C_r|$　　$r=2, \cdots, n-1$

　　$|B_n| > |A_n|$

则有 $A_{r+1}U_r + B_{r+1} \neq 0$　　$i=1, 2, \cdots, n$

证明：　　$\because U_0=0$　　　$|U_1|=\left|\dfrac{C_1}{B_1}\right|\leqslant 1$

$\therefore$ 若　$|U_r|\leqslant 1$

$$|U_{r+1}|=\left|\dfrac{C_{r+1}}{A_{r+1}U_r+B_{r+1}}\right|\leqslant\dfrac{|C_{r+1}|}{|B_{r+1}|-|A_{r+1}U_r|}\leqslant\dfrac{|C_{r+1}|}{|B_{r+1}|-|A_{r+1}|}\leqslant 1$$

由归纳法得：$|U_r|\leqslant 1$　　$r=1、2\cdots、n-1$

$$|A_{r+1}U_r+B_{r+1}|\geqslant|B_{r+1}|-|A_{r+1}U_r|\geqslant|B_{r+1}|-|A_{r+1}|\geqslant|C_{r+1}|>0$$

$\therefore$ $|A_{r+1}U_r+B_{r+1}|>0$　　$r=1,2,\cdots,n-2$

又 $|A_nU_{n-1}+B_n|\geqslant|B_n|-|A_nU_{n-1}|\geqslant|B_n|-|A_n|>0$　　（证完）

上述第二个条件表明，矩阵主对角线元素的绝对值与同行中其他元素绝对值之和相比要大，这时才能使用追赶方法求解。

3.7　弹性区到塑性区再返回弹性区中间拐点处理[12]

弹塑性体系的恢复力与它的反应位移有关系，因此每计算一个步长必须按式（3.75）至式（3.79）所示条件检查当下所处恢复力模型上的位置，以便按上述公式确定它在运动方程中的恢复力取值。本节要讨论的问题是从弹性区过渡到非弹性区和从非弹性区回到弹性区时的准确时间，因为用逐步积分法解弹塑性体的地震反应时，一般都用等步长计算，在计算到图 3.17 中的 A、B、C 和 D 点时，再往下计算一个步长就到了 A′、B′、C′ 和 D′ 点，已超过了转换刚度的点位 1、2、3 和 4，因此必须改变计算步长，使下一步计算正好落在转换刚度的拐点。因为 A′ 和 C′ 点的加速度已按原步长求出，所以可用式（3.91）求出从 A 到 1 和从 C 到 3 点的时间间隔：

$$\Delta\tau=\dfrac{-2\dot{u}_{rt}\pm2\sqrt{\dot{u}_{rt}^2-(\ddot{u}_{rt}+\ddot{u}_{r,\,t+\Delta t})(u_{rt}-u_{ry})}}{\ddot{u}_{rt}+\ddot{u}_{r,\,t+\Delta t}}\tag{3.91}$$

式中　Δt——原计算步长；

　　　t——A 和 C 点的时刻；

　　　$\Delta\tau$——从 A 和 C 点分别到达 1 和 3 点的时间间隔；

正向加荷点 1 取 "+" 反向加荷点 3 取 "-"。

因为 2 点和 4 点的 $\dot{u}_r = 0$，所以可由式（3.92）求出从 B 点到 2 点和从 D 点到 4 点的时间间隔：

$$\Delta\tau = -\frac{2\dot{u}_{rt}}{(\ddot{u}_{rt} + \ddot{u}_{r,\,t+\Delta t})} \tag{3.92}$$

这些步长求出后，必须在到达拐点前的最后一个步长用此步长往下计算一步后，立即改变刚度矩阵，再恢复原步长往下计算。以后遇到每个拐点都必须按此步骤处理过渡到下一个弹性或塑性区。

3.8　多层建筑地震弹塑性反应特征

3.8.1　3000 余座不同参数的结构地震弹塑性反应统计结果[17]

作者利用 3.5 节图 3.16 和图 3.17 的模型及其计算方法，用结构楼层的屈服强度与它的最大弹性反应的剪力之比，表示结构所受地震作用的相对大小，此比值称为屈服剪力系数 q。选用了不同场地土上的地震记录 31 条，按抗震规范规定的场地分类，其中属 I 类场地的记录 9 条，II 类场地记录 17 条，III 类场地的记录 5 条。计算时记录的最大峰值均调整至 $0.4g$。计算的结构周期分别为 0.22、0.43、0.65、0.87、1.07、1.29、1.50、1.71、1.93、2.15、2.37 和 $2.58s$，共12 座不同周期的结构；层间屈服剪力系数 q 分别为 0.3、0.4、0.5、0.56、0.7、0.72 和 0.9 共 7 种不同的多层结构，每座结构均化为 8 个质点，共计算了 3120个不同参数的结构地震反应。其中分为两组，第一组是 q 值各层相同 2220 个结构的地震反应；第二组是 q 值各层间不同的结构共 900 座地震反应；q 值层间不同的结构有三种情况：一种是具有较小的 q 值的楼层（以后称薄弱楼层），位于结构下部三分之一范围内；一种是位于结构中部三分之一范围内；另一种是位于结构上部三分之一范围内。具有较小 q 值的楼层，其 q 值为其他楼层的 80%；还有具有较大 q 值的楼层（以后称为加强层），其 q 值为其他楼层的 120%。

图 3.18 是 31 个地震具有不同 q 值分布的结构反应的平均值沿结构高度延性率的分布图。

图 3.18a 是结构各层 q 值相等的结构；图 3.18b 是底层 q 值是其他层的 80%（薄弱层）；图 3.18c 是中间部楼层的 q 值是其他层的 80%；图 3.18d 是顶层 q 值是其他层的 80%；图 3.18e 是第一层楼的 q 值是其他层的 120%（加强层）；图 3.18f 是顶层是其他层的 120%。

从上述图中可以得出下列结论：

（1）结构各层的强度与地震作用的剪力分布成等比例时，即设计的结构各层 q 值相等时，且 $q \geqslant 0.7$ 时，在地震作用下的各层的相对位移基本相等；当各层 $q \leqslant 0.5$ 时，底层的相对位移比其他楼层都大，是危险楼层，如图 3.18a。

（2）当结构有一楼层是薄弱层，其 q 值比其他楼层都小，受到地震作用时，薄弱层的相对位移都大于其他楼层，该层是危险楼层（图 3.18b、c、d）。

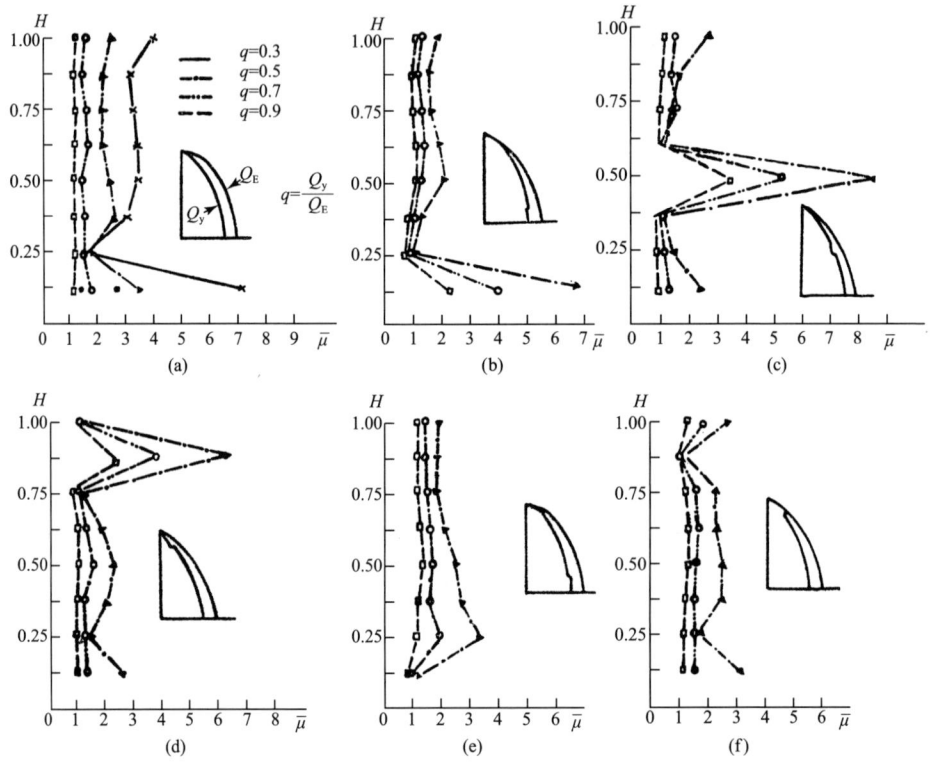

图　3.18

（3）在高层建筑中有加强楼层的建筑，如设备层，地震时它的上一层和下一层的位移都会大于其他楼层，加强层的上下楼层是易损楼层。

（4）q 值沿建筑高度分布，不论是均匀或不均匀分布，当 $q \leqslant 0.5$ 时，首先屈服的楼层其位移会迅速增长，而其他楼层则保持基本均匀（图 3.18）。当楼层 q 值均匀分布时，底层楼先屈服，非均匀分布时，q 最小的楼层先屈服。

根据上述结果可以粗略地估计出一座楼房的危险楼层；设计时应对这些楼层的相对位移进行校核。

3.8.2 一座钢筋混凝土框架结构在 1976 年唐山地震的作用下的反应与本节方法计算结果的对比

中国地震局工程力学研究所在天津市一座平面和立面较规则的 7 层钢筋混凝土框架结构里设有地震观测点；在一层地面、三层楼板、五层楼板和七层楼板各设一台地震观测仪，如图 3.19，为该建筑的平面和剖面图。图中黑点为所设观测仪；1976 年唐山地震宁河一次余震时各层地震仪收到了完整的地震动记录，如图 3.20 中实线。根据震后调查，该结构受震以后多层填充墙出现明显的斜裂缝多道，框架节点有可见裂缝，表明该结构所受地震作用，已超过结构能承受的弹性极限荷载；作者用本章 3.5 节的分析方法，按弹塑性体系分析了该结构，用地面地震记录作输入，计算了结构上部反应，得到了与地震记录较好地吻合，如图 3.20 中的虚线（实线是地震记录）。这一结果说明了本章介绍的结构在地震作用下的弹塑性反应分析方法的实用性。

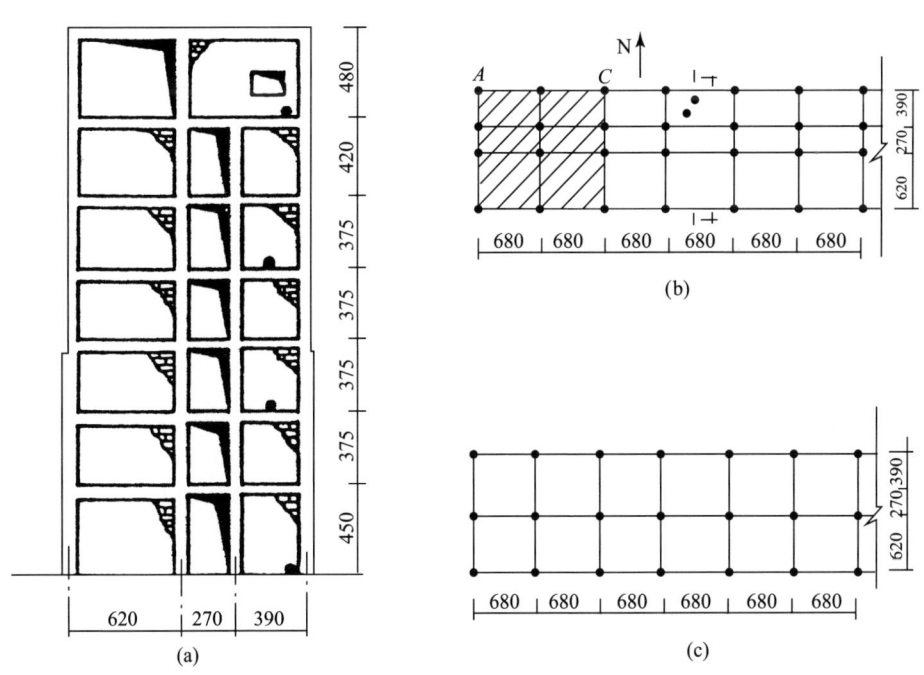

图 3.19
（a）剖面图；（b）一层地面；（c）七层地面

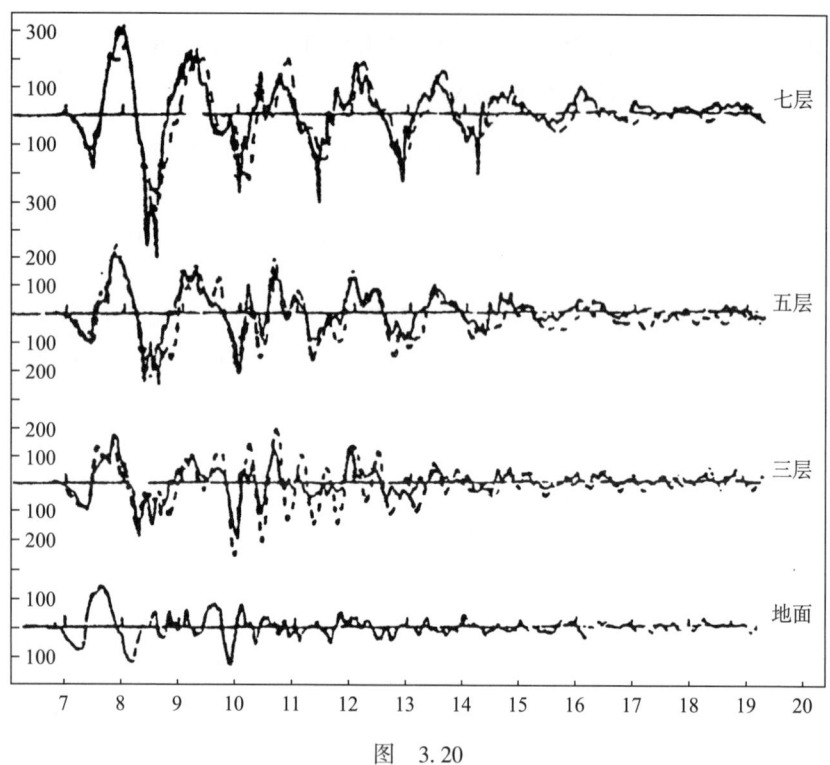

图　3.20

3.9　非线性地震反应的静力方法

目前地震工程领域，有三个主要的研究方向：一是工程地震，主要研究地震时地面运动的规律，场地土对地震反应的影响，建设场地的地震安全性评估等；二是结构抗震，主要研究各类结构的地震反应分析方法及抗震设计标准等；三是结构地震易损性分析，主要研究在确定地震作用下设计待建的和已建现存结构发生某种破坏状态的概率。结构易损性分析是地震工程领域新发展起来的一个学科。本书第四章研究的是这方面的内容。本节介绍非线性地震反应的静力方法，也称 Pushover 方法，是目前估计结构在地震作用下反应性态的一个热门问题；它是一个简化了的估计结构物地震弹塑性反应的近似方法，具有估计结构破坏状态的功能，易于工程上应用。

3.9.1　Pushover 方法分析问题的步骤

在美国 FEMA274（1997）和 ATC－40（1996）报告中都推荐了这一方法[11]。结构非线性地震反应的静力方法是以能力曲线为基础的，能力曲线最早是 Freeman 等在 1975 年和 1978 年提出的。实施这一方法，包括下列步骤：

（1）在结构上施加一个与结构屈服后的惯性力相一致的侧力，该侧力可假定为按倒三角形、基本振型或与楼层重量成比例分布（图 3.21）。用静力法计算出基底剪力 Q_0 与顶层位移 u_n 的关系曲线，即推覆曲线（图 3.22）。

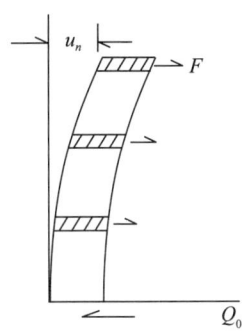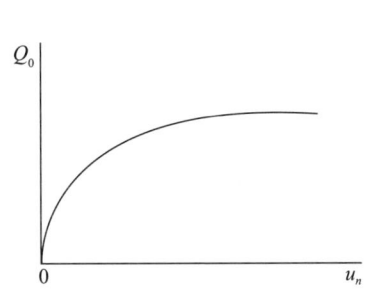

图 3.21　侧向荷载 F 分布　　　　　　图 3.22　推覆曲线

（2）用公式（3.93）、式（3.94）按基本振型的荷载分布，将图 3.22 的推覆曲线转化为单质点结构的质点加速度 A 与位移 D 的关系，即能力曲线（图 3.23）。

$$M = \frac{\left(\sum_{i=1}^{n} m_i x_{i1}\right)^2}{\sum_{i=1}^{n} m_i x_{i1}^2} \tag{3.93}$$

$$\gamma = \frac{\sum_{i=1}^{n} m_i x_{i1}}{\sum_{i=1}^{n} m_i x_{i1}^2} \tag{3.94}$$

式中　m_i——第 i 层集中质量；

　　　x_{i1}——第一振型第 i 层的振型值；

　　　n——楼层总数；

　　　M——第一振型的等效质量。

（3）用准加速度将单质点体系的反应谱（或非弹性设计谱）转换为 $A{\sim}D$ 形式的目标图（图 3.24）。如用的是等效线性化的弹性谱，则

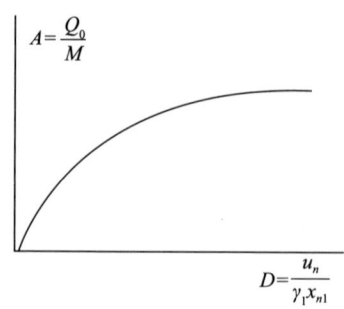

图 3.23 能力曲线

$$D = \frac{T^2}{4\pi^2}A \qquad (3.95)$$

如用的是非弹性设计谱，则

$$D = \mu \frac{T^2}{4\pi^2}A_y \qquad (3.96)$$

式中　　D——质点位移；

　　　　T——结构的周期；

　　　　A——单质点结构的准加速度；

　　　　A_y——结构的屈服加速度；

　　　　μ——延伸率。

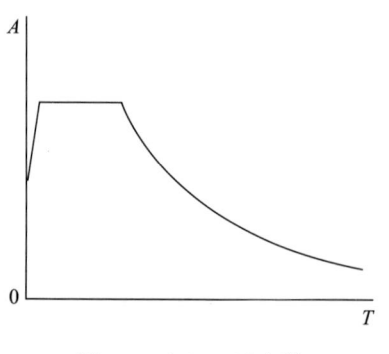

图 3.24（a）　反应谱

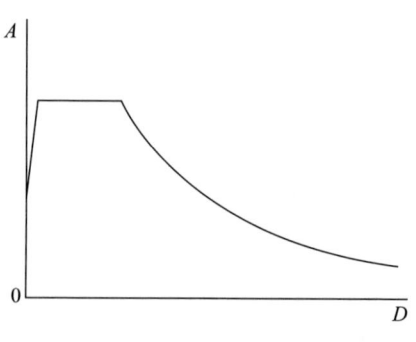

图 3.24（b）　目标图

（4）将目标图与能力曲线放在同一图上（图 3.25），它们交点的位移值即逼近目标位移，可能还需要若干次重复前面的步骤进行修正才能得到准确的目标位移。

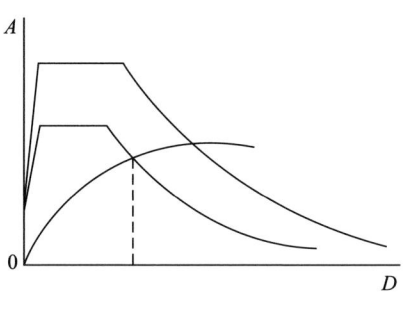

图 3.25　目标位移

（5）将第（4）步确定的目标位移变换到欲研究的真实建筑上，与规定极限位移比较确定该建筑地震反应状态。

上述解题过程是将一个多自由度非线性体系的地震反应简化为一个静力求解结构顶点位移与基底剪力关系和求解单自由度体系地震反应的过程。其中有两个基本假定对这一方法的结果有重要影响。一是侧力沿结构高度的分布形式，目前多数采用按结构基本振型的分布假定；少数作者假定与楼层重量成比例的分布。二是假定一个非弹性单自由度体系的求解方法。这两个基本假定都会给计算结果带来误差。因此这一方法假定的合理性和它们的误差值得进一步深入研究。

3.9.2　双线型恢复力单自由度结构的等效周期和阻尼

如果采用等效线性化方法求解单自由度非弹性体系的地震反应，则需要求它的等效阻尼和等效周期。对于具有双线型恢复力的单自由体系（图 3.26），它的弹性刚度为 k_1，屈服后的刚度为 αk_1，屈服强度和位移分别为 F_y 和 x_y，最大位移为 x_m。它的线性化过程是不断地修正其等效周期 T_{eq} 和等效阻尼 ζ_{eq}，使其反应逼近一个目标值。等效周期由公式（3.97）计算。

$$T_{eq} = T_0 \sqrt{\frac{\mu}{1 + \alpha\mu - \alpha}} \qquad (3.97)$$

式中　T_0——弹性体系的周期；

　　　μ——延伸率；

　　　α——屈服后的强化系数，$0 \leqslant \alpha < 1$。

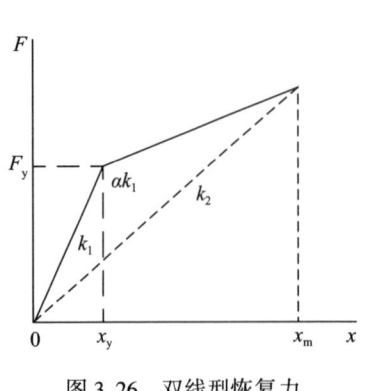

图 3.26 双线型恢复力

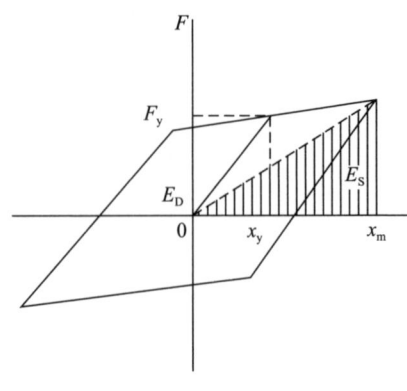

图 3.27 等效阻尼

等效阻尼定义为一个振动周期内非弹性体系的能量损失（图 3.27）；于是双线性弹塑性体系的等效阻尼比为

$$\zeta_{\text{eq}} = \frac{1}{4\pi} \cdot \frac{E_D}{E_S} = \frac{2(\mu - 1)(1 - \alpha)}{\pi\mu(1 + \alpha\mu - \alpha)} \tag{3.98}$$

式中　E_D——非弹性体系的能量损失，即滞后环内的面积；

　　　E_S——弹性应变能（$E_S = k_2 \cdot x_m/2$）。

等效体系总的粘滞阻尼为

$$\bar{\zeta} = \zeta + \zeta_{\text{eq}} \tag{3.99}$$

式中　ζ——结构在弹性阶段的粘滞阻尼。

如果是理想弹塑性（$\alpha = 0$）结构，则公式（3.97）和式（3.98）变为

$$T_{\text{eq}} = T_0\sqrt{\mu} \tag{3.100}$$

$$\zeta_{\text{ep}} = \frac{2(\mu - 1)}{\pi\mu} \tag{3.101}$$

式中　T_0——结构的弹性周期。

实际结构的阻尼一般为 0.02~0.15，从公式（3.98）可以看出，当 α 值较

小和 μ 值较大时，计算出的阻尼可能远离实际结构的阻尼，所以在 ATC—40 （1996）推荐的方法中对计算出的等效阻尼做了如下的限制：$\zeta_{eq} \leqslant 0.45$，$\bar{\zeta} \leqslant 0.50$。

3.9.3 等效线性化在单质点弹塑性体系地震反应分析中的误差

ATC—40 推荐的 A 和 B 方法都用等效线性化的方法求解非弹性单质点体系的地震反应，A. K. Chopra 用多个不同周期和不同屈服特性的单质点结构的精确分析结果与 ATC—40 推荐的 A 和 B 两方法用输入地震和输入反应谱所计算结果做了比较[11]，结果表明这两个方法在很多情况下不收敛，有时即便收敛误差也较大。他认为等效线性化的结构周期长于应对应的结构周期，对短周期结构在能力曲线与目标谱相交之前等效周期已转移到屈服区；另外，等效阻尼也大于实际结构的阻尼。这说明等效线性化方法用于弹塑性结构地震反应分析的精度尚需研究。这是问题之一；其二是实际弹塑性结构与单质点结构之间的转换对地震反应的影响有多大，也是影响该方法能否广泛使用的一个重要问题。

3.9.4 等延伸率设计谱方法

为消除 ATC—40 推荐方法由于等效线性化带来的误差，A. K. Chopra 建议用等延伸率设计谱生成目标图。等延伸率设计谱是一个与延伸率有关的折减系数对弹性设计谱在不同周期段进行折减后形成的。最早的折减系数如式（3.102）是 1960 年 Veletsos 和 Newmarlk 建立的。

$$E_y = \frac{F_0}{F_y} = \frac{A}{A_y} \tag{3.102}$$

式中 F_0——结构弹性反应 $\left(= \dfrac{A}{g}W \right)$；

       A——弹性设计谱上的准加速度；

       A_y——对应屈服强度的准加速度。

此后又得到 Newmark 和 Hall 的发展，图 3.4 是根据发展了的公式（3.28）绘制的。在这同时又有许多学者提出生成非弹性谱的折减系数公式，如式（3.30）、式（3.32）等。

按上述建议求解结构目标位移的步骤变为：

（1）将非弹性设计谱，如图 3.4，利用公式（3.96）转换为不同 μ 值的非弹性体系的目标图，如图 3.28。

（2）将非弹性体系的能力曲线附加在目标图上。

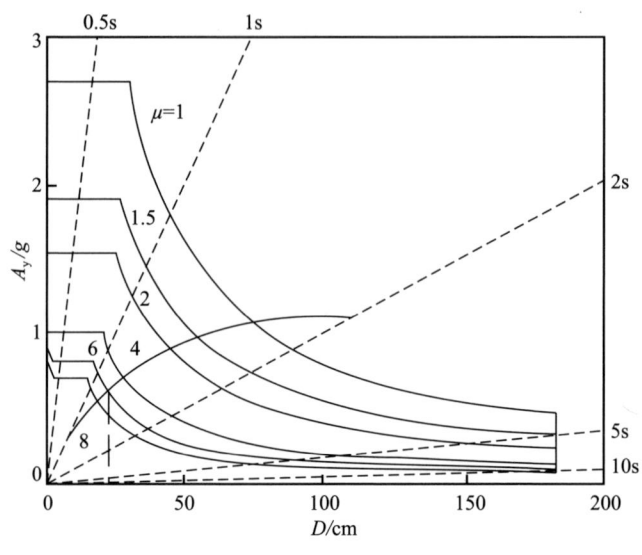

图 3.28　目标图

（3）在能力曲线与具有不同 μ 值的目标图中寻找一个与已知屈服位移求出的 μ 值相一致的交点，对应于此交点的位移即要求的位移。因为通常给出的不同 μ 值的目标图，μ 值都取整数，而由屈服位移求出的 μ 值多数是非整数，所以它们相一致的情况很少，此时应在目标图上用插入法求准确的 μ 值后再求位移。

（4）将求得的位移转换为实际结构的顶点位移。

文献［11］根据改进后的方法计算了 6 个非弹性单质点结构的地震反应，结果与精确解一致，并且用公式（3.28）、式（3.30）和式（3.32）给出的折减系数，取 $\mu=2$，生成了三个非弹性设计谱；这些谱除了在加速度敏感区有些差别外，其他部位都非常接近。这一结果说明，在满足该方法的假定前提下，由此形成的非弹性谱可以用于解决工程问题。这样就使得解决非弹性结构的地震反应问题得到了进一步简化。

3.10　结构自振周期[16,40]

结构自振周期是影响地震荷载的重要因素，在分析结构地震安全时，必须使用的一个参数。作者根据国内实测过的各类结构的周期和收集到的国内 100 多幢高层建筑及国外 200 多幢高层建筑设计时使用的周期，重新整理汇总在这里，供读者选择使用。应该说明的是设计时使用的周期一般是根据设计图纸计算的周期，比实测的周期略长。以下均以楼层数为影响结构周期的参数。

（1）多层砖结构（住宅、学生宿舍、医院病房等）：

$$T = 0.051(n - 0.5) \qquad (2 \leqslant n \leqslant 8)$$

（3.103）

式中 n——建筑层数

（2）多层砖结构教室和实验室：

$$T = 0.064(n + 0.5)$$

（3.104）

（3）钢筋混凝土框架剪力墙结构（国内设计用周期）：

$$T = 0.071(n - 1.5)$$

（3.105）

（4）钢筋混凝土框筒结构（国内设计用周期）：

$$T = 0.1(n - 10)$$

（3.106）

（5）钢筋混凝土剪力墙结构（实测值）：

$$T = 0.078(n - 5) \qquad (9 \leqslant n \leqslant 16)$$

（3.107）

（6）钢筋混凝土框架结构（实测值）：

$$T = 0.088(n - 2) \qquad (6 \leqslant n \leqslant 15)$$

（3.108）

（7）钢结构高层结构（国外资料）：

$$T = 0.084n$$

（3.109）

（8）型钢混凝土结构（国外资料）：

$$T = 0.065n$$

（3.110）

第四章 地震设防标准与建筑物地震安全评估方法

地震目前尚无法避免，但是采取措施减少地震时可能造成的人员伤亡和经济损失是可以做到的。地震造成的伤亡和损失主要是建筑物的破坏造成的。抗震规范是总结了前人的科研成果和震害经验用法规的形式规定了防御地震灾害应遵守的设计措施，依此法规设计的建筑可避免或降低未来地震所造成的伤亡和损失。它是防御地震灾害的第一道防线，也是最重要的防御措施。

4.1 我国建筑抗震设计标准的演变

新中国成立初期，鉴于当时的历史条件，除极重要的工程外，一般建筑没有考虑抗震设防。当时国家只作了以下规定[38]：在Ⅷ度及以下的地震区一般民用建筑，如办公楼、宿舍、车站、学校等均不设防；Ⅸ度以上地区用降低建筑高度和改善建筑平面等达到减轻地震灾害的措施。1976 年唐山地震以后，不满足当时规范要求的建筑，大部分都进行了加固。

根据 1956 年十二年科学发展规划和 1962 年原国家计委制订的 21 项设计规范的决定，我国在 1959 年和 1964 年先后完成了两个版本的《地震区建筑设计规范》（草案），这两个版本的《规范草案》未正式颁布实施。但 1964 年完成的《规范草案》对后来的工程设计和抗震标准的制定有重要影响。1966 年邢台地震后，在京津地区抗震办公室组织下编写了《京津地区建筑抗震设计暂行规定》作为地区性抗震设计标准颁布实施。1974 年我国正式颁布了全国性建筑抗震设计标准，现在已有 5 个版本，它们的执行年限如表 4.1。

表 4.1 我国历届建筑抗震设计规范执行年限

序号	设计标准名称	执行起止年限
1	工业与民用建筑抗震设计规范（TJ 11—74）（试用）	1974.12.01~1979.07.31
2	工业与民用建筑抗震设计规范（TJ 11—78）	1979.08.01~1989.12.31
3	建筑抗震设计规范（GBJ 11—89）	1990.01.01~2001.12.31
4	建筑抗震设计规范（GB 50011—2001）	2002.01.01~2010.11.30

序号	设计标准名称	执行起止年限
5	建筑抗震设计规范（GB 50011—2010）	2010. 12. 01～2016. 07. 30
6	建筑抗震设计规范（GB 50011—2010）（2016 年修订版）	2016. 08. 01～

上述建筑抗震设计规范的修订过程，也是我国地震工程和抗震设计水平不断发展和提高过程，每一版规范的实施期间修建的建筑代表着这一代建筑的抗震水平。

4.2 地震危险性区划

地震危险性区划图是在全国范围或较大的地域范围内，按照地震强弱程度，以一定的标准，如时间年限、概率水准、地震烈度、峰值加速度等地震动参数的标准，划分出不同危险程度的区域，以图形的形式表现出来。它是在总结过去、认识当前和预测未来的基础上编制的，是建筑工程确定抗震设防水准的重要依据。至今，我国已经颁布了第五代区划图。

第一代区划图 1957 年发表，是李善邦先生主持编制的《中国地震烈度区域划分图（1957）》。编制该图依据了下面两条原则，即历史上发生过的地震，将来还可能重复发生；在同一地质构造条件下，可能发生同样强度的地震。该图所划定的烈度区没有赋予明确的时间概念，根据上述两条原则给出的地震烈度是历史上已经发生过的最大的烈度，限于经济条件，当时未被建设部门完全采纳。

第二代区划图《中国地震烈度区划图（1977）》1977 年颁布，是抗震设计标准《78 规范》确定设计地震的依据。该图明确了图上标出的基本烈度的涵义为"在未来一百年内，在平均土质条件下，该地可能遭遇的最大地震烈度"。该图首次引入了地震趋势性分析的概念，将区划图赋予地震时间预测的涵义，但是它没有给出在未来一定年限内发生该强度地震的概率，致使工程设计部门在使用中衡量投资效益和所谓风险的决策时无选择的余地。

第三代区划图《中国地震烈度区划图（1990）》1990 年颁布，是抗震设计标准《89 规范》确定设计地震的依据。该图在时间期限上明确为 50 年（建筑物的基准期），并明确在该期限内在该场地发生超越图上所标地震烈度的概率为 10%。

第四代区划图《中国地震动参数区划图（2001）》2001 年颁布，是抗震设计标准《01 规范》确定设计地震的依据。该图废弃了地震烈度的概念，图上标出的是该场地 50 年内超越概率为 10% 的地震的峰值加速度和不同地区的地震特征周期。地震烈度与地震峰值加速度的关系如表 4.2，场地类别与地震特征周期的关系如表 4.3。

第五代区划图《中国地震动参数区划图》（GB 18306—2015）于 2015 年颁布。该区划图在第四代区划图的基础上对场地分类和地震特征周期作了部分调整，如表 4.4 地震加速度峰值与烈度的关系仍如表 4.2 所列。

表 4.2　地震烈度与峰值加速度的关系

地震烈度	VI	VII	VIII	IX
地震峰值加速度（g）	0.05	0.10（0.15）	0.20（0.30）	0.40

表 4.3　特征周期（s）

设计地震分组	场地类别			
	I	II	III	IV
第一组	0.25	0.35	0.45	0.65
第二组	0.30	0.40	0.55	0.75
第三组	0.35	0.45	0.65	0.95

表 4.4　特征周期（s）

设计地震分组	场地类别				
	I_0	I_1	II	III	IV
第一组	0.20	0.25	0.35	0.45	0.65
第二组	0.25	0.30	0.40	0.55	0.75
第三组	0.30	0.35	0.45	0.65	0.90

由于上述几代地震危险性区划图在编制方法上不同，对于一个地点的地震发生的强度和发生的概率，给出的结果和描述的方式各异，但是总体上它们在强度上的分布是相似的，根据第二代区划图的统计，我国 VI 度及其以上的地区的面积约占国土面积的 60%（表 4.5）；大中城市有一半位于基本烈度 VII 度及其以上的地区，说明我国有不少经济发达，人口密集的大中城市受到地震的威胁。所以抗御地震和减轻地震灾害是我国经济建设中的一项重要工作。

表 4.5　不同强度的地震分布面积

烈度划分	≤ V	VI	VII	VIII	IX	≥ X	总计
面积/（×10⁴km²）	384.5	263.5	206.4	71.3	23.6	10.7	960.0
百分比/%	40.1	27.4	21.55	7.37	2.46	1.12	100.0

4.3　设防建筑抗地震的极限加速度

我国的建筑抗震设计规范规定的设防烈度除《74 规范》规定为基本烈度 7 度区一般建筑降低一度设防外，正式颁布的其他版本的抗震设计规范均规定为本地区的基本烈度即设防烈度。防御目标为：当遭受低于本地区的抗震设防烈度的多遇地震影响时，主体结构不损坏，或不需修理可继续使用；当遭受相当于本地区抗震设防烈度的地震影响时，可能发生损坏，但经一般修理仍可继续使用；当遭受高于本地区抗震设防烈度的罕遇地震影响时，不致倒塌或发生危机生命的严重破坏。综上述可用下面的方框表示我国规范的设防要求。

设防目标可简单描述为表 4.6。

表 4.6

地震	建筑受损 功能完好	轻微破坏 可修复	破坏严重 不危及生命
多遇地震	可接受		
设防地震		可接受	
罕遇地震			可接受

多遇地震是 50 年超越概率约为 63% 的地震，其峰值加速度是基本烈度对应的地震峰值的 0.35 倍；罕遇地震是 50 年超越概率 2%~3% 的地震，其峰值加速度规范定为基本烈度对应的加速度的 2.22 倍。其数值，如表 4.7。

表 4.7　设防用反应谱最大加速度及地震峰值加速度（*g*）

规范名称 ＼ 设防烈度	VI	VII	VIII	IX
《74 规范》	不设防	0.075	0.15	0.30
《78 规范》	不设防	0.075	0.15	0.30

设防烈度 规范名称	VI	VII	VIII	IX
《89 规范》	0.04	0.08	0.16	0.32
《01 规范》	0.04	0.08 (0.12)	0.16 (0.24)	0.32
《10 规范》	0.04	0.08 (0.12)	0.16 (0.24)	0.32
《10 规范》 (2016 年版)	0.04	0.08 (0.12)	0.16 (0.24)	0.32
基本烈度 （谱值）	0.11	0.23	0.45	0.90
多遇地震（谱值）	0.04	0.08 (0.12)	0.16 (0.24)	0.32
罕遇地震（谱值）	0.28	0.50 (0.72)	0.90 (1.20)	1.40
基本烈度对应 地震峰值加速度	0.05	0.10 (0.15)	0.20 (0.30)	0.40

注：括号中的数值分别用于基本烈度地震加速度为 0.15g 和 0.30g 的地区，表中谱值为反应谱的最大值。

4.3.1　设计地震作用效应

$$S_e = \alpha_{1d}(T) R_0(i.L.M) \tag{4.1}$$

式中　　$\alpha_{1d}(T)$——设计时采用的地震谱加速度值（g），称设计地震作用加速度；

$R_0(i.L.M)$——结构第 i 个构件在单位地震加速度作用下产生内力，与所在的位置、几何尺寸和质量有关。

4.3.2　设计地震作用加速度

（1）《74 规范》和《78 规范》的规定：

$$\alpha_{\text{Id}} = c_1 \alpha_0(T) \tag{4.2}$$

式中　　c_1——结构系数；

$\alpha_0(T)$——设防烈度对应的结构周期为 T 的反应谱加速度（g）。

（2）《89 规范》《01 规范》《10 规范》和《10 规范》（2016 年版）的规定：

$$\alpha_{\text{Id}} = c_2 \alpha_0(T) \tag{4.3}$$

式中　　c_2——多遇地震加速度与对应的设防地震加速度的比值（0.35）。

4.3.3　设防结构抗地震作用的极限加速度

（1）《74 规范》和《78 规范》的规定：

$$\alpha_y = \lambda_1 \alpha_{\text{Id}} \tag{4.4}$$

$$\lambda_1 = K_f r_d r_s \tag{4.5}$$

式中　　K_f——校核强度时的安全系数：如设计时采用的安全系数方法，应取静荷载安全系数的 80%，如用的是容许应力方法，容许应力应取静荷的 125%；

r_d——标准强度与设计强度值比；

r_s——砖结构中构造柱对砌体强度的提高系数，规定为 1.15。

（2）《89 规范》《01 规范》《10 规范》和《10 规范》（2016 年修订版）：

$$\alpha_y = \lambda_2 \alpha_{\text{Id}}(T) \tag{4.6}$$

$$\lambda_2 = r_e r_g r_d \tag{4.7}$$

式中　　r_e——地震作用分项系数（1.3）；

r_g——重力荷载分项系数（1.2）；

r_d——承载力调整系数（钢结构 0.75；砖结构两端有构造柱的取 0.9，其他取 1.0；钢筋混凝土抗震墙及受剪、偏压构件取 0.85；梁、柱取 0.75。以上数值以各规范规定为准）。

4.4 基于结构可靠性理论的建筑地震安全评估方法

根据极限设计理论，对一般荷载而言，荷载小于或等于结构的极限强度即认为是安全的；对地震荷载而言，由于地震是低概率事件，一座建筑在它的寿命期内遇到一次超过结构强度的地震的概率更小，所以设防标准规定的设防目标在遇到低于设防烈度的多遇地震时，应保证结构的使用功能，设计时应保证主体结构不受损伤或不需修理可使用；当遇到相当本地区的设防烈度的地震时，结构可以发生损坏，但经一般修理可继续使用。根据上述设防标准的规定，前者是强度控制结构安全，后者是结构变形控制结构安全。

根据《建筑结构可靠性设计统一标准》（GB 50068—2018）的定义，"结构可靠度是指结构在规定的时间内，在规定的条件下，完成预定功能的概率"，根据极限理论在地震作用下满足下式即认为安全：

$$R_{ey} + R_{sy} \geq S_e + S_s \qquad (4.8)$$

式中 R_{ey}——结构构件抗地震作用的极限强度；

R_{sy}——结构构件抗静力荷载的极限强度；

S_e——地震作用在结构构件产生的内力；

S_s——静力荷载在结构构件产生的内力。

在地震短暂的几十秒钟的作用下，可视为静力荷载产生的内力与结构对它的抗力仍保持平衡状态，即满足下式：

$$R_{sy} = S_s \qquad (4.9)$$

于是要地震时结构保持安全必须满足下式：

$$R_{ey} - S_e \geq 0 \qquad (4.10)$$

因为结构的抗地震作用的极限强度为：

$$R_{ey} = \alpha_y(T) R_0(i.L.M) \qquad (4.11)$$

所以将式（4.1）和式（4.11）带入式（4.10）得：

$$\frac{R_{ey}}{S_e} = \frac{\alpha_y}{\alpha_{Id}} \geqslant 1 \qquad\qquad (4.12)$$

因此由式（4.12）可知下式（4.13）与式（4.10）是等价的。

$$\alpha_y - \alpha_{Id} \geqslant 0 \qquad\qquad (4.13)$$

式中　α_y——结构构件抗力极限代表值；

　　　α_{Id}——地震作用效应代表值，后文将用 α_I 代替 α_{Id}。

如式（4.10）或式（4.13）的数值是确定量。满足了此式，结构遇到了对应的地震，结构就是安全的。但是地震作用有很大的不确定性，一是它受震源破裂机制的影响，二是它受震源到结构场地地震波传播介质和结构所在场地土的影响；另外建筑材料的离散性和施工质量对结构强度的影响，都具有不确定性。从科学上讲。地震是不会重复的，没有完全相同两个地震；也不会有抗力完全相同的两座建筑。所以把地震作用力和结构的抗力分别视为两独立的随机变量，从概率上分析结构的地震安全问题才是科学的途径。

由式（4.12）可知 α_y 与 R_{ey} 和 α_{Id} 与 S_e 分别有相同的概率密度分布函数，现在设结构抗力的概率密度分布函数为 $f_R(\alpha_y)$，地震作用的概率密度分布函数为 $f_S(\alpha_I)$；它们的数值与地震烈度和结构周期有关，如图 4.1。图中：T_g 为场地特征周期；T_n 为结构周期。

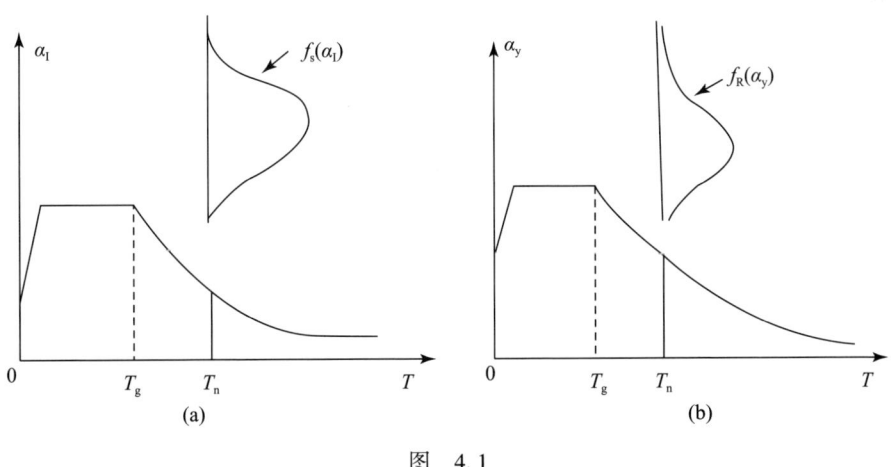

图　4.1

设 $f_R(\alpha_y)$ 的分布和 $f_S(\alpha_I)$ 的分布为已知，当地震作用加速度为 α_I 时，它落在 $d\alpha_I$ 区间的概率为

$$P\left[\alpha_0 - \frac{d\alpha_I}{2} \leqslant \alpha_I \leqslant \alpha_0 + \frac{d\alpha_I}{2}\right] = f_S(\alpha_0)d\alpha_I$$

则结构的极限加速度（屈服加速度）$\alpha_y < \alpha_I$ 的概率为

$$F_R(\alpha_0) = \int_0^{\alpha_0} f_R(\alpha_y)d\alpha_y$$

如图 4.2，若 α_I 和 α_y 在统计上是相互独立的，则 α_y 落在 $d\alpha_I$ 区间且 $\alpha_y < \alpha_I$ 两种情况同时发生的概率为

$$F_R(\alpha_I)f_S(\alpha_i)d\alpha_I$$

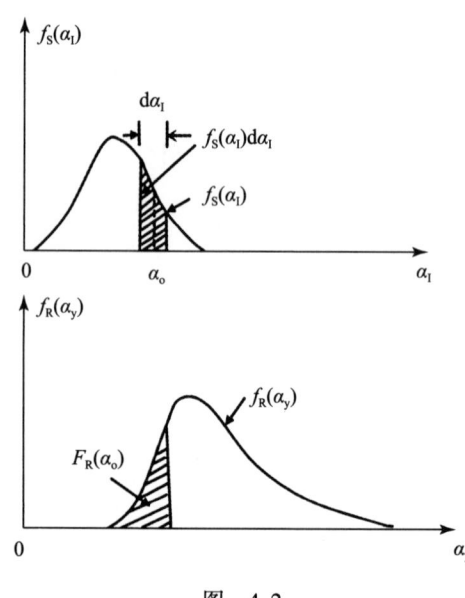

图　4.2

如欲知 α_I 的所有值均大于 α_y 的概率，需对 α_I 的全域积分，即得结构的失效概率，也即地震作用大于结构的抗力极限概率。表示为：

$$P_f(\alpha_y < \alpha_I) = \int_0^\infty f_S(\alpha_I)\left[\int_0^{\alpha_I} f_R(\alpha_y)d\alpha_y\right]d\alpha_I = \int_0^\infty F_R(\alpha_I)f_S(\alpha_I)d\alpha_I \quad (4.14)$$

结构的可靠度（安全概率）：

$$P_R(\alpha_y > \alpha_I) = 1 - P_f = \int_0^\infty [1 - F_R(\alpha_I)] f_S(\alpha_I) d\alpha_I \qquad (4.15)$$

结构的抗力是由若干个不确定性因子的乘积构成的，所以《建筑结构设计统一标准》（1983）确认为是对数正态分布；文献［33］根据 245 座钢筋混凝土结构的统计，其抗地震强度也属对数正态分布，文献［14］对我国 20 世纪 90 年代以前建造的 1000 余座多层砖结构的抗震强度进行了统计，结果也符合对数正态分布。地震作用决定于地震反应谱加速度，地震反应谱值是同类场地土上的若干条地震记录计算出的反应加速度的平均值，一般均视为正态分布[9]。

根据以上论述可以确定 $f_R(\alpha_y)$ 和 $f_S(\alpha_I)$ 的分布类型，其表达式为：

（1）结构抗力极限代表值 $f_R(\alpha_y)$ 为对数正态分布，表达式为

$$f_R(\alpha_y) = \frac{1}{\alpha_y \sigma_{\ln\alpha_y \cdot b} \sqrt{2\pi}} exp\left[-\frac{1}{2\sigma_{\ln\alpha_y \cdot b}^2} (\ln\alpha_y - \mu_{\ln\alpha_y})^2 \right] \qquad (4.16)$$

式中　　α_y——按设防标准，设计的结构抗力极限代表值；

$\mu_{\ln\alpha_y}$——正态变量 $\ln\alpha_y$ 的均值；

$\sigma_{\ln\alpha_y \cdot b}$——变量 $\ln\alpha_y$ 的标准偏差；

μ_{α_y}——结构抗力极限代表值的均值，根据文献［36］的规定，

$\mu_{\alpha_y} = \alpha_y e^{1.645\delta}$；

δ——为材料的变异系数；

σ_{α_y}——建筑材料的标准偏差，数值参考文献［35］；

$$\left. \begin{aligned} \sigma_{\ln\alpha_y \cdot b} &= \sqrt{\ln\left(1 + \frac{\sigma_{\alpha_y b}^2}{\mu_{\alpha_y}^2}\right)} \\ \mu_{\ln\alpha_y} &= \ln\mu_{\alpha_y} - \frac{1}{2}\sigma_{\ln\alpha_y \cdot b}^2 \\ \sigma_{\alpha_y b} &= \sqrt{\sigma_{\alpha_y}^2 + \sigma_b^2} \end{aligned} \right\} \qquad (4.17)$$

σ_b——建筑物之间质量的差异，变异系数[34]取 0.25。

（2）地震作用效应代表值$f_S(\alpha_I)$为正态分布函数，表达式为

$$f_S(\alpha_I) = \frac{1}{\sigma_{\alpha_I}\sqrt{2\pi}}\exp\left[-\frac{1}{2\sigma_{\alpha_I}^2}(\alpha_I - \mu_{\alpha_I})^2\right] \qquad (4.18)$$

式中　α_I——地震作用效应代表值；

　　　σ_{α_I}——α_I的标准偏差（$0.22\times\mu_{\alpha_I}$）；

　　　μ_{α_I}——正态变量α_I的均值。

将式（4.16）和式（4.18）代入式（4.14）积分（可用数值积分）即得$\alpha_I > \alpha_y$的概率，即地震作用效应代表值大于结构抗力极限代表值的概率。也可理解为在同类结构中地震作用大于结构强度的比例。地震作用大于结构强度的这部分结构可能发生破坏，但破坏程度上式结果无法判断。要判断这部分结构的破坏程度，哪些是可接受的或不可接受的，必须将结构的破坏等级量化，目前已有的资料表明用楼层延性率表示结构的破坏程度是比较好的物理指标，这也是下面要讨论的问题。

为描述一次地震对建筑物的影响，我国地震现场工作规范将建筑物在地震作用下的反应状态分为五种情况，即基本完好、轻微破坏、中等破坏、严重破坏和毁坏[5,6]；这五种反应状态的宏观描述已在本书1.6节中有叙述。根据地震的现场宏观调查，统计出不同烈度区各种类型的建筑发生不同破坏状态的比例，列成表格，称为震害矩阵。这些数据对评定地震后宏观烈度的分布和估算地震损失有重要意义。但是在地震现场根据建筑物的宏观破坏现象与烈度表上的描述判定的地震烈度，同地震区划图上与地震加速度峰值对应的基本烈度是有差异的。由于建筑物的质量不同，相同的建筑在同一地震作用下破坏程度会有差异，所以在多数情况下宏观烈度与地震加速度峰值定义的烈度是有差别的。设防标准中的防御目标是指地震区划图上的基本烈度。目前多数地震现场缺少地震加速度数据，所以目前的宏观破坏数据尚无法判断它与地震加速度的准确关系。因此也就无法根据震害现场的数据判别设防建筑是否达到了防御目标。作者根据我国的试验资料[32]和文献[34]给出的层间位移角与破坏状态的关系，给出了我国几种主要建筑不同破坏状态对应的层间延性率，如表4.8。为便于建立建筑物破坏状态与地震作用的定量分析关系，这里利用了Vidic和Newmark-Hall给出的$E_y-\mu-T$的关系式（4.19）和式（4.20）（见本书图3.5）和表4.8，建立了地震作用、结构延性率、结构周期和破坏程度的关系；为简化计算，结构周期$T<0.7s$的结构采用了Vidic的研究结果，如式（4.19）；周期$T\geq0.7s$的结构，采用Newmark-Hall的研究结果，如式（4.20）。

表 4.8　结构破坏程度与延性率的关系

序号	结构类型	层数	轻微破坏层间位移角	破坏等级（D_j）与层间延性率（μ）			
				轻微（D_2）	中等（D_3）	严重（D_4）	毁坏（D_5）
1（BW）	多层砖结构（住宅、办公室）	3~8	0.002	1.1~1.7	1.7~4.5	4.5~13.8	>13.8
2（BS）	多层砖结构（教学楼等）	3~6	0.002	1.1~1.4	1.4~4.2	4.2~9.7	>9.7
3（RF）	钢筋混凝土框架结构	5~16	0.003	1.1~2.1	2.1~5.8	5.8~10.9	>10.9
4（RS）	钢筋混凝土剪力墙结构	8~20	0.0025	1.1~2.2	2.2~6.0	6.0~12.0	>12.0
5（RFS）	钢筋混凝土框架剪力墙结构	10~30	0.003	1.1~2.2	2.2~5.1	5.1~11.0	>11.0
6（RT）	钢筋混凝土筒体结构	20~35	0.0025	1.1~2.2	2.2~5.8	5.8~10.5	>10.5
7（SF）	钢框架结构	15~26	0.0035	1.1~2.9	2.9~6.3	6.3~10.0	>10.0
8（SFB）	钢框架剪力墙支撑结构	20~35	0.0033	1.1~2.9	2.9~6.2	6.2~11.0	>11.0
9（RCO）	单层钢筋混凝土厂房、大跨公用建筑	1	0.012	1.1~2.1	2.1~4.6	4.6~6.0	>6.0
10（SCO）	单层钢柱厂房、单层大跨钢结构公用建筑	1	0.012	1.1~2.3	2.3~5.2	5.2~7.6	>7.6

地震作用、结构抗力、层间延性率和结构周期的关系：

$$\frac{\alpha_I}{\alpha_y} = \frac{T}{0.7}(\mu - 1) + 1 \qquad T < 0.7s \tag{4.19}$$

$$\frac{\alpha_I}{\alpha_y} = \mu \qquad T \geqslant 0.7s \tag{4.20}$$

式中 α_{I}——地震作用效应代表值；

$\quad\quad\alpha_{\mathrm{y}}$——结构抗力极限代表值；

$\quad\quad\mu$——结构层间延性率；

$\quad\quad T$——结构自振周期。

利用式（4.19）和式（4.20）、表4.8可确定地震作用、结构抗力、结构延性率和结构破坏程度四者的关系。式（4.14）中的 α_{I} 和 α_{y} 均为随机变量。求出的结果是地震作用大于结构强度的总概率，无法判别结构不同破坏状态所占比例；因此灾害情况也就无法判断。如果视随机变量 α_{I} 和 α_{y} 其中一个变量的一个值为确定量，另一个是随机变量的分布函数，这样就可以把式（4.14）分解为两个算式，再求结构发生不同破坏程度的概率或比例，就比较容易。如假设地震作用代表值中的 $\bar{\alpha}_{\mathrm{I}}$ 为确定量，欲求地震作用效应代表值为 $\bar{\alpha}_{\mathrm{I}}$ 时的结构震害情况，可得出式（4.21）：

$$P_{\mathrm{f}}(\mathrm{D}_j \mid \alpha_{\mathrm{y}} < \bar{\alpha}_{\mathrm{I}}, \ \alpha_{\mathrm{y}}) = \int_{\alpha_{\mathrm{yL}}}^{\alpha_{\mathrm{yU}}} f_{\mathrm{R}}(\alpha_{\mathrm{y}}) \mathrm{d}\alpha_{\mathrm{y}} \tag{4.21}$$

式中 $\quad\quad \mathrm{D}_j$——第 j 种破坏状态；

$\quad\quad\alpha_{\mathrm{yU}}$——第 j 种破坏状态的抗力极限代表值 α_{y} 的上限，由式（4.19）或式（4.20）确定；

$\quad\quad\alpha_{\mathrm{yL}}$——第 j 种破坏状态的抗力极限代表值 α_{y} 的下限，由式（4.19）或式（4.20）确定；

$\quad\quad f_{\mathrm{R}}(\alpha_{\mathrm{y}})$——结构抗力极限代表值 α_{y} 分布函数。

此式表示：抗力极限代表值分布函数为 $f_{\mathrm{R}}(\alpha_{\mathrm{y}})$ 的结构，在地震作用效应代表值 $\bar{\alpha}_{\mathrm{I}}$ 为确定量的作用下，该类结构发生不同破坏程度的比例。

如假定某一结构抗力极限代表值中的 $\bar{\alpha}_{\mathrm{y}}$ 为确定量，欲求在具有地震作用效应分布函数为 $f_{\mathrm{S}}(\alpha_{\mathrm{I}})$ 的地震作用下该结构发生不同破坏程度的概率，则可得公式（4.22）：

$$P_{\mathrm{f}}(\mathrm{D}_j \mid \bar{\alpha}_{\mathrm{y}} < \alpha_{\mathrm{I}}, \ \alpha_{\mathrm{I}}) = \int_{\alpha_{\mathrm{IL}}}^{\alpha_{\mathrm{IU}}} f_{\mathrm{S}}(\alpha_{\mathrm{I}}) \mathrm{d}\alpha_{\mathrm{I}} \tag{4.22}$$

式中 α_{IU}——第 j 种破坏状态，地震作用效应代表值的上限，由式（4.19）或式（4.20）确定；

α_{IL}——第 j 种破坏状态，地震作用效应代表值的下限，由式（4.19）

或式（4.20）确定；

$f_{\mathrm{S}}(\alpha_{\mathrm{I}})$——地震作用效应代表值的分布函数。

根据式（4.21）和式（4.22）的假设条件欲求设防建筑遇到已知强度的地震时，发生某种破坏状态的概率或比例时，其分析步骤用下算例说明。

[**例1**] 地震作用为确定量的算例。

（1）分析结构：5~6 层砖结构住宅，执行的设计标准《建筑抗震设计规范》（GB 50011—2001），2005 年建。

（2）所在地区基本烈度为Ⅷ度，Ⅱ类场地。

（3）设计参数：结构周期 $T = 0.3\mathrm{s}$，按多遇地震设计，地震作用效应代表值：$\overline{\alpha}_{\mathrm{I}} = 0.16g = 157\mathrm{cm/s}^2$，防御地震作用效应代表值：$\overline{\alpha}_{\mathrm{I}} = 0.45g = 441\mathrm{cm/s}^2$，结构抗力极限代表值 $\alpha_{\mathrm{y}} = 1.3 \times 1.2 \times 0.16/0.9 \times 980 = 272\mathrm{cm/s}^2$。见式（4.6）。

（一）按式（4.21）的假定条件分析上述建筑在多遇地震作用下的反应情况。

（1）结构抗力极限代表值 α_{y} 为对数正态分布的随机变量，有关参数为：

α_{y} 的均值：$\mu_{\alpha_{\mathrm{y}}} = \alpha_{\mathrm{y}} \mathrm{e}^{1.645 \times 0.27} = 423\mathrm{cm/s}^2$

标准偏差：$\sigma_{\alpha_{\mathrm{y}} \cdot b} = \sqrt{\sigma_{\alpha_{\mathrm{y}}}^2 + \sigma_{\mathrm{b}}^2} = 156$

其中 $\sigma_{\alpha_{\mathrm{y}}} = 0.27 \times 423 = 114$，$\sigma_{\mathrm{b}} = 0.25 \times 423 = 105$

正态变量 $\ln\alpha_{\mathrm{y}}$ 的均值：$\mu_{\ln\alpha_{\mathrm{y}}} = \ln\mu_{\alpha_{\mathrm{y}}} - \dfrac{1}{2}\sigma_{\ln\alpha_{\mathrm{y}} \cdot b}^2 = 5.98$，

标准偏差：$\sigma_{\ln\alpha_{\mathrm{y}} \cdot b} = \sqrt{\ln\left(1 + \dfrac{\sigma_{\alpha_{\mathrm{y}} \cdot b}^2}{\mu_{\alpha_{\mathrm{y}}}^2}\right)} = 0.36$

结构抗力极限代表值概率密度分布曲线如图 4.3。

（2）地震作用效应代表值 $\overline{\alpha}_{\mathrm{I}} = 157\mathrm{cm/s}^2$。

（3）计算步骤：

①轻微破坏：

由表 4.8 确定该类结构发生轻微破坏的延性率为 $\mu = 1 \sim 1.7$；由式（4.19）算出 $\dfrac{\overline{\alpha}_{\mathrm{I}}}{\alpha_{\mathrm{y}}} = 1 \sim 1.3$（令 $\overline{\alpha}_{\mathrm{I}} = 157$），得轻微破坏的上限 $\alpha_{\mathrm{y}} = 157$，下限为 $\alpha_{\mathrm{y}} = 121$；积分下式，得轻微破坏所占比例。

$$P_{\mathrm{f}}(\mathrm{D}_2 \mid \alpha_{\mathrm{y}} < \overline{\alpha}_{\mathrm{I}}, \ \alpha_{\mathrm{y}}) = \int_{121}^{157} f_{\mathrm{R}}(\alpha_{\mathrm{y}}) \mathrm{d}\alpha_{\mathrm{y}}$$

$$= \varPhi\left(\frac{\ln 157 - 5.98}{0.36}\right) - \varPhi\left(\frac{\ln 121 - 5.98}{0.36}\right) = 0.005$$

如图 4.3 中的 B 区面积。

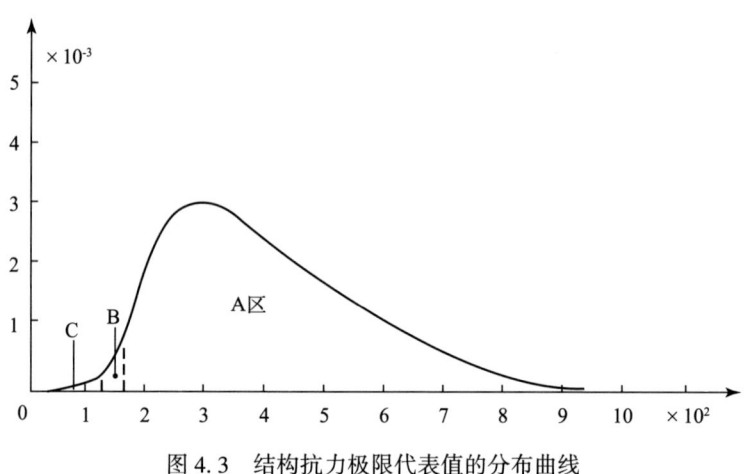

图 4.3　结构抗力极限代表值的分布曲线

②中等破坏:

用同样方法得中等破坏的延性率 $\mu = 1.7 \sim 4.5$, $\dfrac{\bar{\alpha}_I}{\alpha_y} = 1.3 \sim 2.5$; 由此算出中等破坏的上限 $\alpha_y = 121$, 下限 $\alpha_y = 62$; 积分下式得中等破坏发生比例:

$$P_f(D_3 \mid \alpha_y < \bar{\alpha}_I, \ \alpha_y) = \int_{62}^{121} f_R(\alpha_y) \mathrm{d}\alpha_y = 0.001$$

如图 4.3 的 C 区。

由 α_y 的分布函数可知小于 62 概率很低, 所以严重和毁坏的建筑可忽略。

③基本完好的建筑:

$$P_R(D_1 \mid \alpha_y > \bar{\alpha}_I) = 1 - 0.005 - 0.001 = 0.994$$

如图 4.3 中的 A 区。

(二) 按式 (4.21) 的假设条件分析上述建筑在Ⅷ度地震区设防地震的作用下反应情况。

(1) 根据设防标准规定, Ⅷ度地区防御地震的地震作用代表值 $\bar{\alpha}_I = 441$, 结

构抗力极限代表值 $\alpha_y = 272$，其概率密度分布曲线如图 4.4，与多遇地震相同。

（2）其他有关参数与分析（一）多遇地震相同。

（3）分析方法与分析步骤与多遇地震相同。

（4）分析结果：

①轻微破坏：

$\mu = 1 \sim 1.7$，$\dfrac{\bar{\alpha}_I}{\alpha_y} = 1 \sim 1.3$，破坏上限 $\alpha_y = 441$，破坏下限 $\alpha_y = 339$。积分下式得轻微破坏所占比例。

$$P_f(D_2 \mid \alpha_y < \bar{\alpha}_I, \ \alpha_y) = \int_{339}^{441} f_R(\alpha_y)\,d\alpha_y$$
$$= \Phi\left(\frac{\ln 441 - 5.98}{0.36}\right) - \Phi\left(\frac{\ln 339 - 5.98}{0.36}\right) = 0.29$$

如图 4.4 中的 B 区面积。

②中等破坏：

$\mu = 1.7 \sim 4.5$，$\dfrac{\bar{\alpha}_I}{\alpha_y} = 1.3 \sim 2.5$，破坏上限 $\alpha_y = 339$，破坏下限 $\alpha_y = 176$。积分下式得中等破坏所占比例。

$$P_f(D_3 \mid \alpha_y < \bar{\alpha}_I, \ \alpha_y) = \int_{176}^{339} f_R(\alpha_y)\,d\alpha_y$$
$$= \Phi\left(\frac{\ln 339 - 5.98}{0.36}\right) - \Phi\left(\frac{\ln 176 - 5.98}{0.36}\right) = 0.33$$

如图 4.4 中的 C 区面积。

③严重破坏：

$\mu = 4.5 \sim 13.8$，$\dfrac{\bar{\alpha}_I}{\alpha_y} = 2.6 \sim 6.5$，破坏上限 $\alpha_y = 176$，破坏下限 $\alpha_y = 68$。积分下式得严重破坏所占比例。

$$P_f(D_4 \mid \alpha_y < \bar{\alpha}_I, \ \alpha_y) = \int_{68}^{176} f_R(\alpha_y)\,d\alpha_y = 0.012$$

如图 4.4 中的 D 区面积。

由 α_y 的分布函数可知 $\alpha_y < 68$ 的建筑占的比例很少，所以发生毁坏的建筑可

忽略不计。

④基本完好的建筑所占比例：

$$P_R(D_1 \mid \alpha_y > \overline{\alpha}_I) = 1 - 0.29 - 0.33 - 0.012 = 0.368$$

如图 4.4 中的 A 区面积。

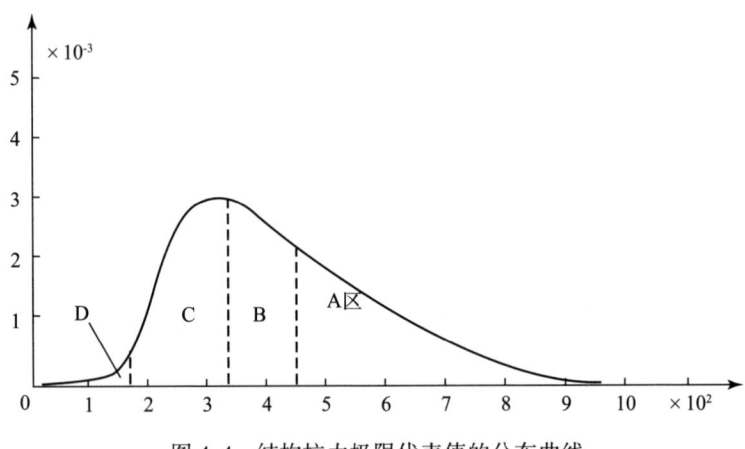

图 4.4　结构抗力极限代表值的分布曲线

[例 2] 地震作用为确定量的算例。

（1）分析结构：28 层钢筋混凝土框架剪力墙结构，执行设计标准《建筑抗震设计规范》（GB 50011—2001），2005 年建。

（2）所在地区为Ⅷ度地震设防区，建筑场地为Ⅱ类场地土。

（3）设计参数：结构基本周期 $T_1 = 1.9s$，第二振型周期 $T_2 = 0.53s$，第三振型周期 $T_3 = 0.30s$；多遇地震：第一振型地震作用效应代表值 $\alpha_I = 34cm/s^2$，第二振型地震作用效应代表值 $\alpha_I = 108cm/s^2$，第三振型地震作用效应代表值 $\alpha_I = 157cm/s^2$；地震作用效应代表值组合值 $\overline{\alpha}_I = 194cm/s^2$，结构抗力极限代表值 $\alpha_y = 356cm/s^2$，对数正态分布均值 $\mu_{\ln\alpha_y} = 6.0$，标准差 $\sigma_{\ln\alpha_y \cdot b} = 0.26$。

（一）上述结构在多遇地震作用下的反应分析。

（1）轻微破坏：

由表 4.8 知 $\mu = 1 \sim 2.2$，由式（4.20）得 $\dfrac{\overline{\alpha}_I}{\alpha_y} = 1 \sim 2.2$，于是得式（4.21）的积分上限为 194，下限为 88。积分下式：

$$P_f(D_2 \mid \alpha_y < \bar{\alpha}_I, \ \alpha_y) = \int_{88}^{194} f_R(\alpha_y) d\alpha_y$$

$$= \Phi\left(\frac{\ln 194 - 6.0}{0.26}\right) - \Phi\left(\frac{\ln 88 - 6.0}{0.26}\right) = 0.0024$$

（2）中等破坏：

由表 4.8 知 $\mu = 2.2 \sim 5.1$，由式（4.20）得积分的上限 $\alpha_y = 88$，下限为 $\alpha_y = 38$。积分下式：

$$P_f(D_3 \mid \alpha_y < \bar{\alpha}_I, \ \alpha_y) = \int_{38}^{88} f_R(\alpha_y) d\alpha_y \approx 0$$

结构抗力极限代表值小于 38cm/s^2 的数量很少，严重破坏以上的结构可忽略。

（3）基本完好：

$$P_R(D_1 \mid \alpha_y > \bar{\alpha}_I) = 1 - 0.0024 = 0.998$$

（二）上述结构在设防烈度（Ⅷ度）地震作用下反应分析。

该结构的设防烈度地震作用效应代表值的组合值等于 544cm/s^2。

（1）轻微破坏：

由表 4.8 知 $\mu = 1 \sim 2.2$，由式（4.20）得 $\dfrac{\bar{\alpha}_I}{\alpha_y} = 1 \sim 2.2$，于是得式（4.21）的积分上限为 544，下限为 247。积分下式：

$$P_f(D_2 \mid \alpha_y < \bar{\alpha}_I, \ \alpha_y) = \int_{247}^{544} f_R(\alpha_y) d\alpha_y$$

$$= \Phi\left(\frac{\ln 544 - 6.0}{0.26}\right) - \Phi\left(\frac{\ln 247 - 6.0}{0.26}\right) = 0.846$$

（2）中等破坏：

用同样方法得式（4.21）的积分上限为 247，下限为 107。积分下式：

$$P_f(D_3 \mid \alpha_y < \bar{\alpha}_I, \ \alpha_y) = \int_{107}^{247} f_R(\alpha_y) d\alpha_y$$

$$= \Phi\left(\frac{\ln 247 - 6.0}{0.26}\right) - \Phi\left(\frac{\ln 107 - 6.0}{0.26}\right) = 0.029$$

结构抗力极限代表值小于 $107cm/s^2$ 的数量甚少，所以严重破坏和毁坏的结构可略去。

（3）基本完好：

$$P_R(D_1 \mid \alpha_y > \overline{\alpha_1}) = 1 - 0.846 - 0.029 = 0.125$$

上述［例1］和［例2］分析结果分别汇总在表4.9和表4.10中，表中的结构是根据设防标准的规定设计的建筑，多遇地震和设防地震都是规定的防御目标地震。表中结果显示，多遇地震的反应是满足设防目标要求的；设防地震的反应达不到设防目标的要求，震害偏重。

表4.9　多层砖结构在Ⅷ度区多遇地震和设防地震的震害

结构类型	地震作用与结构抗力值		结构破坏程度分级						
	α_1	α_y	D_1	D_2	D_3	D_4	D_5	总破坏率	保障率
5~6层砖结构	157	272	99.4%	0.5%	0.1%	0	0	0.6%	50%
	441	272	36.8%	29%	33%	1.2%	0	63.2%	50%

表4.10　28层框剪结构多遇地震和设防地震的震害

结构类型	地震作用与结构抗力值		结构破坏程度分级						
	α_1	α_y	D_1	D_2	D_3	D_4	D_5	总破坏率	保障率
28层框剪结构	194	336	99.8%	0.2%	0	0	0	0.2%	50%
	544	336	12.59%	84.6%	2.9%	0	0	87.5%	50%

通过上述分析，作者认为下列两个问题尚需进一步关注：

（1）结构破坏等级与结构楼层间延性率的关系，需要更多的试验数据做依据；要做理论分析必须将结构的破坏等级定量化，用楼层延性率表示结构的破坏程度是最好的物理指标，但需要试验数据，目前的依据主要是构件的试验数据和少数国外的资料，国内建筑物的试验数据很少。

（2）按多遇地震设计，防御设防烈度的地震，地震作用取值明显偏低，而且取值是反应谱的平均值，保障率只有50%，应适当的调高地震作用力。调整的方法建议采用在设计地震的反应谱均值上加标准差的方法；这样做概念清楚，且提高保障率，加一个标准差保障率可提高到 84%，这样做符合极限设计理论确定设计值的方法，而且它不影响与地震有关的其他参数。

4.5　重要建筑和没有设防建筑的地震安全评估

4.5.1　重要建筑：有政治、历史或对防灾有重要意义的建筑地震安全评估

该分析评估是对某个单体建筑，其设计抗震强度是已知且确定值，在已知地震强度作用下发生不同破坏程度的概率。分析算例如下：

[**例** 3] 结构抗力为确定量的算例。

（1）结构概况：大型医院病房，8 层钢筋混凝土框架剪力墙结构，结构周期 $T=0.46\mathrm{s}$，2006 年建，位于Ⅷ度设防区，Ⅱ类场土。

（2）结构设计参数：执行设防标准《建筑抗震设计规范》（GB 50011—2001），按多遇地震设计，地震作用效应代表值：$\alpha_1=\left(\dfrac{0.35}{0.46}\right)^{0.9}\times0.16=0.13g$，结构抗力极限代表值：$\bar{\alpha}_y=1.3\times1.2\times0.13/0.85\times980=234\mathrm{cm/s^2}$；防御Ⅷ度地震，地震作用效应代表值 $\alpha_1=441\mathrm{cm/s^2}$，分布函数为正态分布，均值：$\mu_{\alpha_1}=441\mathrm{cm/s^2}$，标准差：$\sigma_{\alpha_1}=441\times022=97$。

（3）按式（4.22）假定条件分析该结构在Ⅷ度地震作用效应代表值为 $441\mathrm{cm/s^2}$ 时的震害反应。

①轻微破坏：

由表 4.8 确定该结构发生轻微破坏的延性率为 $\mu=1\sim2.2$，由式（4.19）算出 $\dfrac{\alpha_1}{\alpha_y}=1\sim1.8$ 得轻微破坏的上限 $\alpha_1=421$，下限 $\alpha_1=234$；积分下式得轻微破坏的概率：

$$P_f(D_2|\bar{\alpha}_y<\alpha_1,\ \alpha_1)=\int_{234}^{421}f_S(\alpha_1)\mathrm{d}\alpha_1$$
$$=\Phi\left(\frac{421-441}{97}\right)-\Phi\left(\frac{234-441}{97}\right)=0.399$$

如图 4.5 中的 B 区面积

②中等破坏：

用同样方法可得：

$\mu_3 = 2.2 \sim 5.1$，$\dfrac{\alpha_I}{\bar{\alpha}_y} = 1.8 \sim 3.7$，破坏上限为 $\alpha_I = 866$，下限为 $\alpha_I = 421$，积分下式得中等破坏发生概率。

$$P_f(D_3 \mid \bar{\alpha}_y < \alpha_I, \ \alpha_I) = \int_{421}^{866} f_S(\alpha_I) \, d\alpha_I$$

$$= \Phi\left(\frac{866 - 441}{97}\right) - \Phi\left(\frac{421 - 441}{97}\right) = 0.583$$

如图 4.5 中的 C 区面积

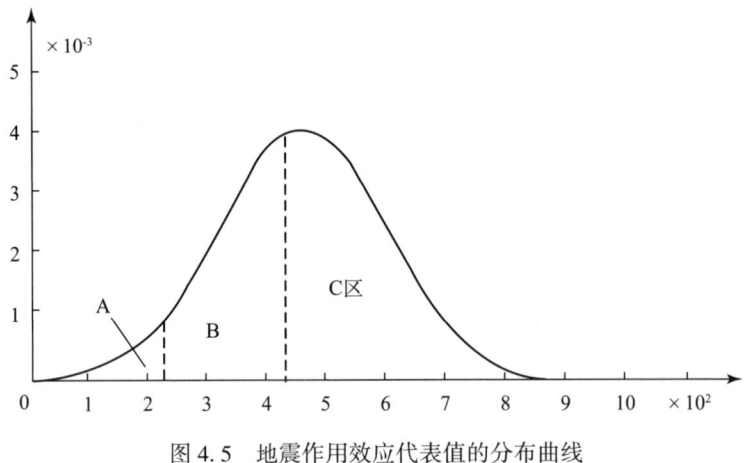

图 4.5 地震作用效应代表值的分布曲线

③严重破坏发生概率不到 1/1000，可忽略，基本完好发生概率如下：

$$P_R(D_1 \mid \bar{\alpha}_y > \alpha_I) = 1 - 0.583 - 0.399 = 0.018$$

如图 4.5 中的 A 区面积。

4.5.2 无设防资料或没有设防的一般建筑的地震安全评估

根据设计图纸或实测结构构件尺寸，计算出结构的抗力极限代表值，由表 4.8 查出该结构不同破坏程度的延性率，由式（4.19）或式（4.20）以结构抗力极限代表值为确定量，求出对应不同破坏程度的地震作用代表值的上限和下限，然后确定欲防地震的反应谱正态概率分布函数的有关参数，将积分上下限代入式（4.22）积分即得各种破坏程度的发生概率。

第五章　房屋建筑和基础设施清单及分类

　　估计地震损失时必须列出地震时可能受到破坏和造成损失的各类人工建筑及设施的清单，并对它们进行分类，这是地震损失分析工作流程中的第二部分工作。这些工作是为分析地震损失提供基础资料，分析时必须知道它们的数量和有关信息，主要包括：房屋建筑、危险设施、运输系统和公用设施。在上述四种建筑和工程设施中按结构形式、建筑材料和抗震性能划分类别，称为地震易损性分类；按它的用途划分类别，称为使用功能分类。前者用于结构的地震易损性分析，后者用于估计地震损失。

5.1　房屋建筑的易损性分类

　　房屋建筑主要包括居住房屋、政府机关办公用房、工业用房屋、商业用房屋、文化教育卫生用房屋和车站、机场、公共建筑等。

5.1.1　结构易损性指数

　　房屋建筑的抗震能力与它们的结构形式和使用的建筑材料有关。在研究它们的易损性时必须按房屋结构和所用建筑材料分类进行研究。为了对房屋建筑的易损性等级有一个定量的描述，本书定义地震易损性指数表示它们抗震能力的好坏。这个指数为

$$VID = \frac{1}{5} \sum_{I=6}^{10} \sum_{j=1}^{5} P[\mathrm{D}_j \,|\, I] r_j \tag{5.1}$$

式中　$P[\mathrm{D}_j\,|\,I]$ ——房屋建筑震害矩阵；

　　　　I ——地震烈度；

　　　　D_j ——房屋破坏等级，$j = 1 \sim 5$；

　　　　r_j ——房屋发生 j 级破坏时的损失比。

　　从式（5.1）可以看出，房屋建筑的地震易损性指数是某一类房屋Ⅵ～Ⅹ度地震损失率的平均值；地震易损性指数越大的房屋类型，抗震能力越差；反之，

抗震能力越好。

根据我国目前城镇和农村现有主要房屋建筑的结构类型和历次地震的震害的统计结果，作者将现有房屋建筑的地震易损性分为 A、B、C、D 四级，每一级对应的易损性指数值如表 5.1。

表 5.1　结构地震易损性分级指数

易损性等级	A	B	C	D
易损性指数	$VID<0.2$	$0.2 \leqslant VID<0.30$	$0.30 \leqslant VID<0.40$	$VID \geqslant 0.40$

5.1.2　现有房屋结构分类表

根据结构形式和建筑材料，将我国现有房屋建筑分为 21 类，它们在抗震性能上有明显的差别。在同一类房屋建筑中，由于设防标准等原因，其地震易损性也存在着差异，所以在同一类建筑中又分了若干种。按上述原则划分，目前现有建筑共有 21 类 168 种，见表 5.2。表中每一种房屋建筑的信息，只适用于当前的建筑，随着经济的发展，设防标准的提高会有变化。在第四章地震安全评估时所需的强度和有关参数应根据相应的设防标准确定。在分析一个城市未来可能遭受到的地震损失时，可参考表 5.2 的房屋分类进行调查和收集分析所需资料。

表 5.2　房屋建筑分类

类号和序号	代码	结　　构	易损性等级			
			A	B	C	D
一	EO（i）	生土结构				
1	EO1	黄土崖土窑洞				—
2	EO2	土坯窑洞				—
3	EO3	表砖土坯墙房屋				—
4	EO4	干打垒房屋				—
二	SM（i）	石砌结构				
5	SM1	碎石、片石砌筑房屋				—
6	SM2	块石白灰砂浆砌筑房屋				—
三	W（i）	木结构				
7	W1	木柱、木屋架、屋龄大于 50 年的房屋			—	
8	W2	木柱、木屋架、屋龄小于 50 年的房屋			—	

类号和序号	代码	结　　构	易损性等级			
			A	B	C	D
9	W3	古寺庙			—	
四	BO（i）	一层砖结构				
10	BO1	空斗砖墙房屋、未设防				—
11	BO2	外墙 24～37cm 厚砖结构，木屋架瓦顶，未设防			—	
12	BO3	外墙 49cm 厚砖结构，木屋架瓦顶，未设防			—	
13	BO4	横隔墙间距大于 20m 砖结构木屋架瓦顶，未设防			—	
14	BO5	外墙 24～37cm 厚砖结构，钢筋混凝土现浇或预制板屋顶，未设防			—	
15	BO6	外墙 49cm 厚砖结构，钢筋混凝土现浇或预制板屋顶，未设防			—	
16	BO7	砖结构，木屋架或混凝土屋顶，6 度设防		—		
17	BO8	砖结构，木屋架或混凝土屋顶，7 度设防		—		
18	BO9	砖结构，木屋架或混凝土屋顶，8 度设防		—		
19	BO10	砖结构，木屋架或混凝土屋顶，9 度设防	—			
五	BW（i）	多层砖结构，住宅、办公楼房等				
20	BW1	空斗砖墙房屋，未设防				—
21	BW2	外墙 24～37cm 厚预制楼板，砖结构，未设防			—	
22	BW3	外墙 49cm 厚预制楼板，砖结构，未设防			—	
23	BW4	多层外墙 24～37cm 厚现浇混凝楼板砖结构，未设防			—	
24	BW5	多层外墙 49cm 厚现浇混凝楼板砖结构，未设防			—	
25	BW6	多层混凝土楼板砖结构 6 度设防		—		

续表

类号和序号	代码	结　构	易损性等级			
			A	B	C	D
26	BW7	多层混凝土楼板砖结构7度设防	—			
27	BW8	多层混凝土楼板砖结构8度设防	—			
28	BW9	多层混凝土楼板砖结构9度设防	—			
六	BLF（i）	多层底框架结构				
29	BLF1	外墙24~37cm厚预制楼板底层框架砖结构，未设防		—		
30	BLF2	外墙49cm厚预制楼板底层框架砖结构，未设防		—		
31	BLF3	外墙24~37cm厚现浇楼板底层框架砖结构，未设防		—		
32	BLF4	外墙49cm厚现浇楼板底层框架砖结构，未设防		—		
33	BLF5	混凝土楼板底框架砖结构，6度设防		—		
34	BLF6	混凝土楼板底框架砖结构，7度设防	—			
35	BLF7	混凝土楼板底框架砖结构，8度设防	—			
36	BLF8	混凝土楼板底框架砖结构，9度设防	—			
七	BS（i）	多层砖结构教学楼房				
37	BS1	多层外墙24~37cm厚预制楼板砖结构，未设防			—	
38	BS2	多层外墙49cm厚预制楼板砖结构，未设防			—	
39	BS3	外墙24~37cm厚现浇混凝土楼板砖结构，未设防			—	
40	BS4	外墙49cm厚现浇混凝土楼板砖结构，未设防		—		
41	BS5	多层混凝土楼板砖结构，6度设防		—		
42	BS6	多层混凝土楼板砖结构，7度设防			—	

类号和序号	代码	结　　构	易损性等级			
			A	B	C	D
43	BS7	多层混凝土楼板砖结构，8度设防	—			
44	BS8	多层混凝土楼板砖结构，9度设防	—			
八	LM（i）	多层混凝土楼板小型砌块结构				
45	LM1	多层预制楼板小型砌块结构		—		
46	LM2	多层现浇楼板小型砌块结构		—		
47	LM3	多层混凝土楼板小型砌块结构，6度设防		—		
48	LM4	多层混凝土楼板小型砌块结构，7度设防		—		
49	LM5	多层混凝土楼板小型砌块结构，8度设防		—		
50	LM6	多层混凝土楼板小型砌块结构，9度设防		—		
九	BF（i）	内框架结构				
51	BF1	多层预制楼板外墙24～37cm厚内框架房屋，未设防			—	
52	BF2	多层预制楼板外墙49cm厚，内框架房屋，未设防			—	
53	BF3	多层现浇楼板外墙24～37cm厚，内框架结构，未设防			—	
54	BF4	多层现浇楼板外墙49cm厚，内框架结构，未设防			—	
55	BF5	多层内框架结构，混凝土楼板6度设防			—	
56	BF6	多层内框架结构，混凝土楼板7度设防			—	
57	BF7	多层内框架结构，混凝土楼板8度设防		—		
58	BF8	多层内框架结构，混凝土楼板9度设防	—			
十	BCO（i）	单层砖柱厂房				
59	BCO1	石棉瓦屋面单层砖柱厂房，未设防			—	
60	BCO2	大型屋面板屋面单层砖柱厂房，未设防			—	
61	BCO3	有大于10t吊车的单层砖柱厂房，未设防			—	
62	BCO4	石棉瓦屋面单层砖柱厂房，6度设防			—	

续表

类号和序号	代码	结 构	易损性等级			
			A	B	C	D
63	BCO5	石棉瓦屋面单层砖柱厂房，7 度设防		—		
64	BCO6	石棉瓦屋面单层砖柱厂房，8 度设防		—		
65	BCO7	石棉瓦屋面单层砖柱厂房，9 度设防	—			
66	BCO8	大型屋面板屋面单层砖柱厂房，6 度设防			—	
67	BCO9	大型屋面板屋面单层砖柱厂房，7 度设防			—	
68	BCO10	大型屋面板屋面单层砖柱厂房，8 度设防		—		
69	BCO11	大型屋面板屋面单层砖柱厂房，9 度设防		—		
十一	RCO（i）	单层钢筋混凝土柱厂房				
70	RCO1	石棉瓦屋面混凝土柱厂房，未设防		—		
71	RCO2	大型屋面板屋面混凝土柱厂房，未设防		—		
72	RCO3	石棉瓦屋面混凝土柱厂房，有大于 20t 吊车，未设防		—		
73	RCO4	大型屋面板混凝土柱厂房，有大于 20t 吊车，未设防			—	
74	RCO5	石棉瓦屋面混凝土柱厂房，6 度设防		—		
75	RCO6	石棉瓦屋面混凝土柱厂房，7 度设防		—		
76	RCO7	石棉瓦屋面混凝土柱厂房，8 度设防	—			
77	RCO8	石棉瓦屋面混凝土柱厂房，9 度设防	—			
78	RCO9	大型屋面板混凝土柱厂房，6 度设防			—	
79	RCO10	大型屋面板混凝土柱厂房，7 度设防			—	
80	RCO11	大型屋面板混凝土柱厂房，8 度设防		—		
81	RCO12	大型屋面板混凝土柱厂房，9 度设防	—			
十二	SCO（i）	单层钢柱厂房				
82	SCO1	石棉瓦屋面钢柱厂房，未设防		—		
83	SCO2	大型屋面板屋面钢柱厂房，未设防		—		
84	SCO3	石棉瓦屋面钢柱厂房，有大于 20t 吊车，未设防				

续表

类号和序号	代码	结　　构	易损性等级			
			A	B	C	D
85	SCO4	大型屋面板屋面钢柱厂房，有大于 20t 吊车，未设防		—		
86	SCO5	石棉瓦屋面钢柱厂房，6 度设防		—		
87	SCO6	石棉瓦屋面钢柱厂房，7 度设防		—		
88	SCO7	石棉瓦屋面钢柱厂房，8 度设防	—			
89	SCO8	石棉瓦屋面钢柱厂房，9 度设防	—			
90	SCO9	大型屋面板屋面钢柱厂房，6 度设防		—		
91	SCO10	大型屋面板屋面钢柱厂房，7 度设防		—		
92	SCO11	大型屋面板屋面钢柱厂房，8 度设防		—		
93	SCO12	大型屋面板屋面钢柱厂房，9 度设防	—			
十三	PSR（i）	公用建筑				
94	PSR1	大型体育馆，未设防		—		
95	PSR2	游泳馆，未设防		—		
96	PSR3	机场候机室，未设防		—		
97	PSR4	火车站大型候车室，未设防		—		
98	PSR5	大型体育馆，6 度设防		—		
99	PSR6	大型体育馆，7 度设防		—		
100	PSR7	大型体育馆，8 度设防	—			
101	PSR8	大型体育馆，9 度设防	—			
102	PSR9	游泳馆，6 度设防		—		
103	PSR10	游泳馆，7 度设防		—		
104	PSR11	游泳馆，8 度设防	—			
105	PSR12	游泳馆，9 度设防	—			
106	PSR13	机场候机室，6 度设防		—		
107	PSR14	机场候机室，7 度设防		—		
108	PSR15	机场候机室，8 度设防	—			
109	PSR16	机场候机室，9 度设防	—			

地震损失分析与设防标准

续表

类号和序号	代码	结 构	易损性等级 A	B	C	D
110	PSR17	火车站大型候车室，6度设防		—		
111	PSR18	火车站大型候车室，7度设防		—		
112	PSR19	火车站大型候车室，8度设防	—			
113	PSR20	火车站大型候车室，9度设防	—			
十四	RF（i）	钢筋混凝土框架结构				
114	RFM1	多层钢筋混凝土框架结构（9层以下），未设防		—		
115	RFH2	高层钢筋混凝土框架结构（10层以上含10层），未设防		—		
116	RFM3	多层钢筋混凝土框架结构，6度设防	—			
117	RFM4	多层钢筋混凝土框架结构，7度设防	—			
118	RFM5	多层钢筋混凝土框架结构，8度设防	—			
119	RFM6	多层钢筋混凝土框架结构，9度设防	—			
120	RFH7	高层钢筋混凝土框架结构，6度设防	—			
121	RFH8	高层钢筋混凝土框架结构，7度设防	—			
122	RFH9	高层钢筋混凝土框架结构，8度设防	—			
123	RFH10	高层钢筋混凝土框架结构，9度设防	—			
十五	RS（i）	钢筋混凝土剪力墙结构				
124	RSM1	多层钢筋混凝土剪力墙结构，未设防	—			
125	RSH2	高层钢筋混凝土剪力墙结构，未设防	—			
126	RSM3	多层钢筋混凝土剪力墙结构，6度设防	—			
127	RSM4	多层钢筋混凝土剪力墙结构，7度设防	—			
128	RSM5	多层钢筋混凝土剪力墙结构，8度设防	—			
129	RSM6	多层钢筋混凝土剪力墙结构，9度设防	—			
130	RSH7	高层钢筋混凝土剪力墙结构，6度设防	—			
131	RSH8	高层钢筋混凝土剪力墙结构，7度设防	—			
132	RSH9	高层钢筋混凝土剪力墙结构，8度设防	—			

类号和序号	代码	结构	易损性等级			
			A	B	C	D
133	RSH10	高层钢筋混凝土剪力墙结构，9度设防	——			
十六	RFS（i）	钢筋混凝土框架剪力墙结构				
134	RFSH1	高层框架剪力墙结构，未设防	——			
135	RFSH2	高层框架剪力墙结构，6度设防	——			
136	RFSH3	高层框架剪力墙结构，7度设防	——			
137	RFSH4	高层框架剪力墙结构，8度设防	——			
138	RFSH5	高层框架剪力墙结构，9度设防	——			
十七	RFT（i）	钢筋混凝土框架-核心筒结构				
139	RFTH1	高层框架-核心筒结构，未设防	——			
140	RFTH2	高层框架-核心筒结构，6度设防	——			
141	RFTH3	高层框架-核心筒结构，7度设防	——			
142	RFTH4	高层框架-核心筒结构，8度设防	——			
143	RFTH5	高层框架-核心筒结构，9度设防	——			
十八	RTTH（i）	高层钢筋混凝土筒中筒结构				
144	RTTH1	高层钢筋混凝土筒中筒结构，未设防	——			
145	RTTH2	高层钢筋混凝土筒中筒结构，6度设防	——			
146	RTTH3	高层钢筋混凝土筒中筒结构，7度设防	——			
147	RTTH4	高层钢筋混凝土筒中筒结构，8度设防	——			
148	RTTH5	高层钢筋混凝土筒中筒结构，9度设防	——			
十九	SF（i）	钢框架结构				
149	SFM1	多层钢框架结构，未设防		——		
150	SFM2	多层钢框架结构，6度设防		——		
151	SFM3	多层钢框架结构，7度设防		——		
152	SFM4	多层钢框架结构，8度设防	——			
153	SFM5	多层钢框架结构，9度设防	——			
154	SFH6	高层钢框架结构，未设防		——		
155	SFH7	高层钢框架结构，6度设防		——		

类号和序号	代码	结　构	易损性等级			
			A	B	C	D
156	SFH8	高层钢框架结构，7 度设防	——			
157	SFH9	高层钢框架结构，8 度设防	——			
158	SFH10	高层钢框架结构，9 度设防	——			
二十	SFB（i）	钢框架支撑结构				
159	SFB1	高层钢框架支撑结构，未设防	——			
160	SFB2	高层钢框架支撑结构，6 度设防	——			
161	SFB3	高层钢框架支撑结构，7 度设防	——			
162	SFB4	高层钢框架支撑结构，8 度设防	——			
163	SFB5	高层钢框架支撑结构，9 度设防	——			
二十一	SFT（i）	钢框架筒体结构				
164	SFTH1	高层钢框架筒体结构，未设防	——			
165	SFTH2	高层钢框架筒体结构，6 度设防	——			
166	SFTH3	高层钢框架筒体结构，7 度设防	——			
167	SFTH4	高层钢框架筒体结构，8 度设防	——			
168	SFTH5	高层钢框架筒体结构，9 度设防	——			

5.2　21 类房屋结构的基本情况及其破坏状态分级描述

5.2.1　生土结构、石砌结构和木结构［EO(i)，SM(i)，W(i)］

1. 结构与材料

生土结构是指用无烧结的黏土材料建造的房屋。如河北北部和邢台一带用土坯砌墙，内设木柱、木梁、檩，黏土作屋面建造的房屋；用土坯砌拱做成窑洞式的土坯房屋；陕西、甘肃一带在黄土崖上挖造的土窑洞均属生土结构。生土的抗拉、抗剪强度很低，结构的抗震能力很差。1966 年邢台地震和 1989 年大同—阳高地震中，这类结构破坏严重。

石砌结构是指用碎石、片石或较规则的块石用石灰砂浆砌筑的房屋，闽南和冀西山区农村的房屋多属这类建筑；屋顶类似华北地区农村的土坯房屋的构造。

由于白灰砂浆的粘结力较差，所以这类房屋的抗震能力较差。

木结构是指承重的柱、屋架均用木料建筑的房屋。目前这类建筑主要是旧寺庙和宫殿建筑等，建筑年限都在 50 年以上，甚至百年几百年；由于年久木质腐化和虫蛀，其抗震能力较差，但其中维护较好的建筑仍有较好的抗震能力。

2. 地震时破坏状态分级

基本完好：主要承重墙、屋面或拱顶完好，个别门、窗口有微小裂缝。

轻微破坏：部分承重墙体有可见裂缝，门窗口有明显裂缝，大梁四周与墙接触处、室内墙角有可见裂缝，个别地方抹灰脱落，木结构屋面瓦滑动。

中等破坏：主要墙体有明显裂缝，个别裂缝贯通墙体，大梁在墙体或柱支撑处松动，墙体抹面多处脱落，屋面有裂缝；窑洞拱体多处开裂，木结构屋脊装饰物震落，部分屋面瓦滑落；经修复仍可恢复原设计功能。

严重破坏：墙体严重破裂，裂缝错动，墙体、木柱和屋架倾斜，屋面或拱顶隆起或塌陷；局部倒塌；需大修，个别建筑修复困难。

毁坏：多数墙体严重断裂或倒塌，木柱榫头拔出严重倾斜或倾倒，屋盖或拱顶严重破坏和塌落；结构已濒于崩溃或全部倒塌；无修复可能。

5.2.2 砖砌体和混凝土小型砌块结构 ［BO(i)，BW(i)，BLF(i)，BS(i)，BF(i)，LM(j)］

1. 结构和材料

砌体结构包括烧结普通黏土砖、烧结多孔黏土砖和混凝土小型空心砌块砌筑的结构，墙体是主要承受荷载的构件。目前城镇里的房屋建筑绝大多数是普通黏土砖结构，其中 20 世纪 50~70 年代城市里的住宅、办公楼、医院和学校教室大部分是 2~4 层的砖结构房屋，80 年代以后建造的这类建筑的层数大部为 5~7 层；目前经济发达的农村很多土坯房改建成了砖房，南方大部分农村是 2~4 的楼房，其中有一部分是空斗砖墙，抗震性能较差；华北和东北一带多数是 1 层的砖房。历次地震中城镇破坏最多和造成人员伤亡的多数是这类建筑。唐山地震以后，我国对未设防的建筑进行了加固，据统计，到 1989 年末全国共加固未设防的建筑 2.15 亿多平方米，大部分未设防建筑的抗震能力得到了提高。

2. 地震时破坏状态分级

基本完好：主要承重墙体基本完好，楼板屋顶完好；或有局部瓦滑动，个别门窗口有可见裂缝。

轻微破坏：部分墙体有轻微裂缝，个别墙体有明显裂缝；室内抹面有明显裂缝，屋盖基本完好。

中等破坏：多数承重墙出现裂缝，部分裂缝明显，个别墙体裂缝严重，室内抹面有脱落，少数房屋的屋盖和楼板有裂缝。

严重破坏：多数墙体有明显裂缝，部分墙体破坏严重，墙体有错动和内或外倾或局部倒塌；楼板、屋盖有裂缝；需要大修方可使用，个别建筑修复困难。

毁坏：多数墙体严重破坏，结构濒于崩溃或已倒毁，已无修复可能。

5.2.3　砖柱排架结构［BCO(i)，PSR(i)］

1. 结构与材料

砖柱排架结构主要是指由砖柱或扶壁砖柱承重，上面支承铰接屋架的结构，主要有单层厂房、大型仓库、礼堂、剧院、食堂等。其屋架可以是木屋架、预应力混凝土屋架、钢屋架等；屋面可以是大型预制板、石棉瓦、水泥青瓦和油毡屋面。

这类结构的地震破坏多数是柱下端受弯，受拉面开裂、受压面碎成月牙形脱落；有吊车的厂房柱变断面处断裂；屋面滑落，屋架塌落或沿厂房纵向倾倒；山墙尖部倒塌。

2. 地震时破坏状态分级

基本完好：主要承重构件和支撑系统完好；个别屋面瓦松动或滑动。

轻微破坏：个别柱、墙有可见裂缝，有部分房屋的屋面连接部分松动或房屋山墙上部有裂缝。

中等破坏：部分柱、墙有明显裂缝；山墙尖部向内或外倾或局部坠落；屋面和支撑系统有明显破坏；或有局部屋面板塌落。

严重破坏：多数砖柱、墙体裂缝严重，部分柱根有月牙形压碎，部分屋盖塌落；修复困难。

毁坏：多数柱根部压碎并倾斜或倒塌，屋面坠落严重，整个建筑濒于崩溃或已全部倒塌，无修复可能。

5.2.4　钢、钢筋混凝土柱排架结构［SCO(i)，RCO(i)，PSR(i)］

1. 结构与材料

钢和钢筋混凝土柱排架结构指钢柱或钢筋混凝土柱承重，上面支撑钢屋架或预应力钢筋混凝土屋架、大跨度网架；屋架与柱的连接一般不传递弯矩，所以视为铰接；屋面多数为大型预制板，少数是石棉瓦。这类建筑绝大部分是工业厂房，部分是公用建筑和体育馆、机场候机室等。

这类结构的地震破坏多表现为屋面系统破坏，如屋面板滑落、屋面系统纵向失稳，山墙倒塌，柱变断面处折断，较少发生柱根部折断，但常见组合柱和工字型柱腹部沿纵向剪裂。

2. 地震时破坏状态分级

基本完好：主要承重构件和支撑系统完好；屋面系统个别大型屋面板松动。

轻微破坏：柱完好，个别天窗架有明显破坏，部分屋面板松动，山墙和围护墙裂缝。

中等破坏：部分屋面板移动或坠落，部分天窗架竖向支撑和屋面支撑系统压屈；部分柱裂缝明显，柱间支撑弯曲，个别柱破坏处表层脱落，裂缝进入深层，钢筋外露；经修复可恢复使用功能。

严重破坏：部分屋面塌落，支撑系统变形明显，部分墙和围护墙倒塌；大部分钢筋混凝土柱破坏处表层脱落，内层有明显裂缝或扭曲，钢筋外露、弯曲，个别柱破坏处混凝土酥碎，钢筋严重弯曲，产生较大变位或已折断；钢柱翼缘扭曲，变位较大；修复较困难。

毁坏：屋面大部分塌落或全部塌落，山墙和围护墙倒塌；大部分柱破坏处混凝土酥碎，钢筋严重弯曲；钢柱严重扭曲，产生较大变位或已折断；整体结构濒于倒毁或已倒毁，已无修复可能。

5.2.5　钢筋混凝土结构 [RF(i)，RS(i)，RFS(i)，RFT(i)，RTT(i)]

1. 结构与材料

钢筋混凝土结构包括钢筋混凝土框架结构、钢筋混凝土剪力墙结构、钢筋混凝土框架-剪力墙结构、钢筋混凝土框架核心筒结构，一般都是多层和高层建筑，少量是大型公用建筑，它们具有较好抗震能力。我国目前还没有这类建筑的震害经验。国外这类建筑地震时多在梁、柱节点处和相对薄弱的楼层产生较严重破坏，甚至造成倒塌。

2. 地震时破坏状态分级

基本完好：承重构件完好，个别装修轻微裂缝。

轻微破坏：部分构件表层有可见裂缝，室内轻质隔墙与承重构件交接处的抹面有明显裂缝，个别构件破坏处表层裂缝显著，钢筋外露；玻璃幕墙上个别玻璃碎落，稍加修理即可正常使用。

中等破坏：部分构件破坏处表层裂缝明显，钢筋外露，个别构件破坏处表层脱落，内层明显裂缝，钢筋外露、弯曲；保温墙和室内隔墙裂缝明显，个别处有倒塌和倾斜现象；玻璃幕墙支撑部分变形较大。

严重破坏：大部分构件破坏，表层脱落，内层裂缝明显；部分构件钢筋外露、明显弯曲；个别构件破坏处混凝土酥碎，钢筋严重弯曲，有较大变位或已折断。这些破坏多发生在框架结构的梁柱节点处，以及有边框剪力墙与边框连接处；非结构构件破坏严重，或部分倒塌；整体结构修复困难。

毁坏：大部分承重构件破坏严重，结构濒于倒毁或已倒毁；已无法修复。

5.2.6　钢结构［SF(i)，SFB(i)，SFT(i)］

1. 结构与材料

钢结构的主要受力构件由钢材组成，主要包括：钢框架结构、支撑框架结构（由支撑框架和框架组成的结构体系，侧向荷载由支撑框架承受）、框架-支撑结构（由抗弯框架和支撑框架共同承受侧向荷载）、框筒和巨型结构。由于钢材强度高，塑性好，所以钢结构有较好的抗震性能，一般用于超高房屋建筑中，但它不防火，在高温下很快软化，强度急速下降，可导致整个结构坍塌。这类结构的地震破坏一般为支撑系统弯曲，填充和维护结构破坏和节点焊接部位破坏。目前我国尚无这类结构的震害经验。

2. 地震时破坏状态分级

基本完好：承重构件完好，个别装修有可见裂缝，部分填充墙与承重构件连接处有可见裂缝。

轻微破坏：部分支撑弯曲，填充墙、围护墙与主体连接处有明显裂缝。

中等破坏：部分支撑明显弯曲，填充墙，围护墙局部倒塌，个别节点焊缝开裂，幕墙变形明显，玻璃墙破坏。

严重破坏：部分支撑达到屈服状态，部分节点达到极限承载力，焊缝裂缝，非承重构件破坏严重，结构层间明显变位，必须经过大修方能使用，部分结构修复困难。

毁坏：多数构件达到极限承载状态，由于部分构件失去承载力使结构濒于倒毁或已倒毁，无修复可能。

5.3　房屋建筑功能分类

房屋建筑的功能分类是根据房屋的用途将其划分为若干组别，同一组的房屋具有相同用途。房屋功能的分类见表5.3。这一分类是用于估计地震损失的；不同用途的房屋，它的内存物不同，所占用的人群数量也不同，因此地震损失也有差异。把房屋结构分类视为列，房屋使用功能分类视为行，则构成一个二维矩阵，矩阵中的单元是分类中的典型结构与对应的不同用途的结构面积之比，根据统计资料可以确定它们的相对比值。这种数量之间的关系与一个城市或地区的经济发展水平有关，在一般城市之间是较稳定的。因此利用此矩阵可以从分类类别的数量，估计使用功能不同类别的数量；反之也成立。这些资料可以从各地的房屋管理部门和国家房屋统计部门得到。作者根据1986年全国房屋普查资料中323个城市的房屋资料，给出这些城市中不同使用功能的房屋占城市总房屋数（m²）的平均比值，如表5.4，据此可以从一个城市房屋的总数中求出不同使用功能的房屋数。

表5.3　房屋使用功能分类

编号	代码	使用功能类别	注
一	RES	居住房屋	
1	RES1	居民常住房屋	小区居民楼
2	RES2	集体宿舍	学生公寓、宿舍
3	RES3	宾馆、招待所	流动人员住所
二	OFF	办公用房屋	
4	OFF	政府、企事业机关办公用房	
5	OFF2	写字楼	
三	EDU	文化教育、医疗用房	
6	EDU1	教室	
7	EDU2	试验室	
8	EDU3	教研室	
9	EDU4	广播、制作室	
10	EDU5	门诊	
11	EDU6	病房	
12	EDU7	疗养院	
四	COM	商业用房	
13	COM1	个体零售商场	
14	COM2	百货商店、购物中心	
15	COM3	超市	
16	COM4	银行	
17	COM5	证卷公司	
18	COM6	电影院、歌舞厅、网吧	
五	IND	工业用房	
19	IND1	重工业厂房	
20	IND2	轻工业厂房	
21	IND3	食品加工厂、化学药品加工厂	
六	PUB	公用建筑	
22	PUB1	体育馆	

续表

编号	代码	使用功能类别	注
23	PUB2	候机室	
24	PUB3	候车室	
七	WAR	仓库类用房	
25	WAR1	粮食库	
26	WAR2	车库	
27	WAR3	飞机库	
28	WAR4	棉花库	
29	WAR5	食品冷藏库	

表 5.4　不同使用功能的房屋在一个城市中占总房屋面积的比例（%）

使用功能	住宅	工业交通	商业服务用房	教育医疗科研用房	文化娱乐用房	办公用房	其他
占比例	48	32	6.3	7.9	1.0	3.4	1.1

5.4　危险设施

危险设施主要指地震时设施破坏后能引发其他严重灾害，如水灾，放射性物质污染和有害气体污染，爆炸等灾害，主要有水坝、核电站和存有易燃易爆物质的仓库和大容器，这三类危险设施的分类如表 5.5。

表 5.5　危险设施分类

编号	代码	注
一	HPD	水坝
1	HPDE	土坝
2	HPDR	堆石坝
3	HPDG	混凝土重力坝
4	HPDB	混凝土大头坝
5	HPDA	混凝土拱坝
6	HPDU	混凝土连拱坝

编号	代码	注
二	HPN	核设施
7	HPNP	核电站、反应堆
三	HEC	易燃易爆容器和库房
8	HECI	汽油库
9	HECG	易燃气体及有毒气体库
10	HECS	火药库

表5.5是危险设施的分类，是按设施破坏后造成的灾害性质划分的，如水坝可引发水灾，核反应堆可造成核污染，易燃易爆设施能引发火灾等。在进行地震安全评估和损失分析时还需要知道危险设施的其他信息，如水坝的高度、库容量，水坝一旦破坏下游可能受到影响的农田面积、村镇数量、人口数量；核电站的设防标准、安全停堆的加速度；油库的容量及失火、爆炸后波及到的周围环境；易燃和有害气体的容量及波及范围；火药库存量及爆炸影响范围等。

第六章　地震损失分析

地震的经济损失分为直接损失和间接损失。直接经济损失是指由于地震造成房屋建筑、工程设施和公用事业系统的破坏,恢复它们的功能所需投入的资金以及室内财产、救灾等投入的资金;间接经济损失是指由于地震的影响使一个地区的国民生产总值下降部分。所以地震损失除与地震强度有关系还与一个地区的社会财富、经济发展水平、现代化程度以及人口密度有关。如果在人口稀少的沙漠地区发生一次强烈地震,在经济上不会造成什么损失,也不会造成人员伤亡;同样大小的地震如发生在一个经济发达、人口稠密的现代化程度较高的城市,造成经济损失和人员伤亡就大不相同了。现代化程度高的城市抗御自然灾害的能力相对较差;生活在这样环境里的人,对社会的依赖性强于经济条件差的地区。所以研究地震对大城市的影响和减轻其影响的措施应引起地震工作者的高度重视。

6.1　房屋建筑和人员资料

估计一个地区在未来地震中可能遭受的损失,首先要按下述方法对本地区的各类房屋建筑、工程设施、公用设施系统和人口进行统计。

(1) 将欲研究的地区或城市划分为若干小区,一个小区为一个统计单元,在城镇里,如为居民区,一个小区不宜少于 2000 户居民;如为工商区,一个小区的人口不宜少于 10000 人;在农村,一个自然村为一个统计单元。

(2) 统计单元内的房屋建筑按第五章表 5.2 和表 5.3 的分类,填入表 6.1 和表 6.2。这里只给出了房屋建筑的统计方法,其他工程实施见其他有关专著。

表 6.1 和表 6.2 是一个例子,表内包含的结构类型和使用功能的种类应根据统计单元实际情况填写。每个统计单元都应按表 6.1 和表 6.2 的样式填写,然后将一个地区或一个城市内的所有单元的统计合计在一起,得一个城市或地区各类结构的房屋总数和与不同使用功能房屋总数的比例以及人口的统计表。这些资料是下一步地震损失分析的基础。

表 6.1　统计单元内房屋建筑统计表

编号	代码	栋数	建筑面积（m²）	居住人口数	设防情况	建造日期	当前价位（元/m²）	注
21	BW2							
25	BW2							
…	…							
…	…							

表 6.2　不同使用功能的房屋中各类结构所占比例（%）

使用功能编号	使用功能结构代码	结构类别							
		21	23	26	94	114	115	124	134
		BW2	BW4	BW7	DSR1	RFM1	RFH2	RSM1	RFSH1
1	RES1	65				20		10	5
2	RES2	60				20	20		
6	EDU1	90				10			
11	EDU6	20				80			

　　上述统计的工作量很庞大，取得统计资料的途径有三：一是从小区的物业公司或房管部门收集；二是从小区的派出所了解；三是根据人均居住面积推算住宅面积和其他配套设施面积。如果对某建筑要做个体的易损性分析，必须将分析所需要资料单独进行收集。在多数情况下不需要对每个统计单元做如此详细的调查，只要选择几个有代表性的统计单元做抽样，按上述方法统计；然后从统计部门取得房屋总数和人口总数，按抽样确定各类房屋的比例和人均居住面积以及配套设施，从总数中求出相应部分的数量。

6.2　震害矩阵

　　公式（4.21）给出了震害矩阵的一般表达形式，利用该式可以求出在确定地震作用下某类建筑发生各级破坏状态的比例。它是衡量一个城市或地区某一类建筑抗震能力的综合尺度。因为建设的发展，新的建筑不断增多，城市或地区的总的抗震能力随新建筑的增多而变化，所以震害矩阵也是时间的函数。估计地震损失有两种情况需要确定震害矩阵，一是在地震未发生之前估计一个地区未来可能遭受到的地震损失，需要计算某一时期现存建筑的震害矩阵；二是一个地区已发生地震，估计本次地震造成的损失时需要从震害的宏观调查结果统计震害矩阵。不论是震前或震后确定震害矩阵，都必须将拟估计地震损失的区域按前面已讲的方法分为若干统计单元。在统计单元内抽取同一设防标准的建筑为子样进行分析统计。

6.2.1 抽样原则及需提供的参数

第五章表 5.2 中的结构代码 BW 代表砖结构住宅、办公楼等类的房屋，代码 RF 代表钢筋混凝土框架结构，这种分类称结构类别分类；其中 BW2、BW3 都是砖结构，只是墙的厚度或楼板类型不同，这种划分方法属同一类别不同标准分类。抽样分析的目的是通过所得子样的结构特性来推断全体房屋的统计特性，所以抽样前必须先确定是按结构分类抽样，还是按结构标准分类抽样，不论怎样分类，都必须是同一设防标准设计的建筑。前者分类粗，后者分类细，粗和细需按研究需要确定。如果是震前估计未来地震的损失，必须按第四章的方法计算每一个子样的屈服加速度，然后算出它们的均值和方差，按式（4.16）确定它的概率密度分布函数，由式（4.21）求出被统计房屋类型的震害矩阵。如果是震后估计地震损失，按上述分类原则在同一烈度区或同一地震加速度峰值地区抽样调查子样房屋的震害，按震害等级分别统计。震前抽样是为了建立抽样建筑的震害矩阵，所以抽样时必须记述震害分析方法中所需要的参数。

（1）砖结构（含代码为 BO、BW、BLF、BS 等的结构）按表 6.3 填写有关数据。

表 6.3 砖结构抽样填写数据表

编号	建筑物名称	建造年代	代码	砂浆强度	房屋层数	设防标准	施工质量	房屋地址

平面图	剖面图
1. 注明内、外墙厚度； 2. 相同楼层只绘一个楼层平面图； 3. 注明平面的尺寸； 4. 注明每个楼层的砂浆强度。	如墙厚和砂浆强度沿高度有变化，应在剖面图上标明，如在平面图上能说明的可不绘制剖面图。

（2）单层排架结构（含代码为 BCO、RCO、SCO 等结构）按表 6.4 填写有关数据。

表 6.4　排架结构抽样填写数据表

编号		建造年代		企业名称		结构代码	
厂房名称					企业地址		
设防标准					施工质量		
剖面图				平面图			
1. 注明厂房上、下柱高度及断面尺寸； 2. 注明跨度、柱距及屋面材料； 3. 注明柱的材料及强度，围护墙上的圈梁位置和有无大于 20t 的吊车； 4. 有无加固及加固措施。				1. 注明平面有关尺寸； 2. 绘出柱网位置。			

（3）钢筋混凝土结构（含代码 RFM，RFH，RSH，RFSH 等结构）按表 6.5。填写有关数据。

表 6.5　钢筋混凝土多层和高层结构抽样填写数据表

编号		代码		建筑层数		建造年代	
建筑名称					设防标准		
建筑地址					施工质量		
平面图				剖面图			
1. 注明各层平面有关尺寸； 2. 给出柱网布置及剪力墙位置。				1. 选择有代表性的 1~2 片框架绘剖面图，注明各层梁柱断面尺寸及配筋； 2. 注明梁柱混凝土强度等级，楼板厚度。			

震后现场抽样调查是统计同一类结构类别或同一结构标准类别的房屋在同一地震烈度或同一峰值加速度地区不同破坏等级的房屋所占同类房屋总数的比例，即震害矩阵按表 6.6 和 6.7 填写。

表 6.6　抽样点某一代码类型的建筑破坏调查汇总（建筑面积或幢数）

类型代码			地震烈度或峰值加速度			
序号	抽样点	基本完好	轻微破坏	中等破坏	严重破坏	毁坏
2						
⋮						

续表

类型代码		地震烈度或峰值加速度		
n				
	合计			

表 6.7　某一代码类型的建筑破坏比（D_j/N 总表（震害矩阵）

结构类型代码	不同破坏状态与调查总数之比				
烈度或峰值加速度	基本完好 （D_1）	轻微破坏 （D_2）	中等破坏 （D_3）	严重破坏 （D_4）	毁坏 （D_5）

注：N 为调查的同类型建筑的总数（幢或 m^2）。

6.2.2　抽样数量

从理论上讲，抽样数越多，计算的震害矩阵就越逼近所研究结构的真实矩阵。但是在实际工作中不可能把所有房屋做全部分析，因此由抽样求出的矩阵是一个近似结果。一般讲，当再增加子样数量对由抽样算出的矩阵无明显变化时，就可以认为抽样数量已达到要求的精度。由于一个地区房屋总数很难统计得很准确，所以矩阵也不需要做到这种精度。

在估计地震损失工作中对房屋的抽样分析，不同于工业产品的质量检查抽样。一种工业产品经过规范化的生产过程和具有合格的零件组装成同一种产品，所以产品的质量合格率经过分组抽样检查就可以求出。建筑物则不同，它们的施工过程不同，设计标准不同，同一结构类型建筑的结构布置很少一样，再加上材料强度的离散性，所以在抽样时在结构布置、设计标准、建造年代等方面应选择有代表性的建筑，而且要有一定的数量。一般讲，抽样数量应占同一类房屋总数的 20%~30%。按结构类别抽样应比按结构设计标准类别抽样多一些。

6.3　现存房屋建筑的震害矩阵

作者在文献［22］里根据我国 1986 年全国城镇房屋普查资料，统计了 100 多个中等以上城市在 20 世纪 50~80 年代房屋的平均年增长率（约为 9%）。利用本书第一版中公式（6.86）和式（6.90）计算出了 2000 年左右我国各类房屋的震害矩阵。计算这些震害矩阵时依据的结构初始抗力是作者 20 世纪 90 年代在华北和东北地区抽样分析得到的，输入参数是地震烈度。考虑到全国各地气候的差异和各地设防标准的不同，在分析时作了下述假定：本书第五章表 5.2 中结构易损性分级中的 B 级结构，主要是砖墙承重，由于气候的影响，不同地区砖结构的外墙厚度不同，对结构的抗力有一定影响。分析时对 B 级结构在全国分三类地区给出不同的震害矩阵。Ⅰ类地区是较寒冷的地区，如黑龙江、新疆等地，外墙一般为 49cm 厚；Ⅱ类地区，如华北一带，外墙一般为 37cm 厚；Ⅲ类地区，如华南一带，外墙一般为 24cm 厚。如从经纬度上划分，Ⅰ类地区在北纬 43° 以北；Ⅱ类地区在北纬 35°~43°；Ⅲ类地区在北纬 35° 以南。易损性 A 级结构，主要是钢筋混凝土结构和钢结构，它们不受温度的影响，其震害矩阵不分区。C 和 D 级结构绝大部分是未经过正规设计的农村房屋，其震害矩阵不受时间的影响，主要根据震害经验确定，无法分析计算，全国采取统一的矩阵。

我国抗震设计规范规定，地震区的建筑必须按抗震规范的规定设防，因此基本烈度不同的地区设防标准不同，其震害矩阵也不同。受这种影响的建筑只有 A 和 B 级建筑；C 和 D 级建筑不设防，所以不受地区基本烈度的影响。根据上述条件，作者在文献 [22] 给出了以地震烈度为输入参数的适用全国的各类建筑的震害矩阵，目前仍有使用价值，兹重载如下：

（1）易损性 A 级结构的震害矩阵见表 6.8 至表 6.11。

表 6.8　基本烈度为Ⅵ度地区易损性 A 级结构的震害矩阵（%）

烈度	完好	轻微破坏	中等破坏	严重破坏	毁坏
Ⅵ	85	15	0	0	0
Ⅶ	60	35	5	0	0
Ⅷ	40	36	21	2.5	0.5
Ⅸ	20	37	28	12.5	2.5
Ⅹ	10	15.5	39.5	25.5	9.5

表 6.9　基本烈度为Ⅶ度地区易损性 A 级结构的震害矩阵（%）

烈度	完好	轻微破坏	中等破坏	严重破坏	毁坏
Ⅵ	88	12	0	0	0
Ⅶ	75	23	2	0	0
Ⅷ	55	33	10.3	1.5	0.2

续表

烈度	完好	轻微破坏	中等破坏	严重破坏	毁坏
IX	35	30.5	25.5	7.5	1.5
X	15	20.5	40.5	16.5	7.5

表 6.10　基本烈度为Ⅷ度地区易损性 A 级结构的震害矩阵（%）

烈度	完好	轻微破坏	中等破坏	严重破坏	毁坏
VI	90	10	0	0	0
VII	85	14	1	0	0
VIII	70	25	5	0	0
IX	50	31.5	14.5	3.5	0.5
X	20	30	35	10.5	4.5

表 6.11　基本烈度为Ⅸ度地区易损性 A 级结构的震害矩阵（%）

烈度	完好	轻微破坏	中等破坏	严重破坏	毁坏
VI	95	5	0	0	0
VII	90	10	0	0	0
VIII	80	15	5	0	0
IX	55	35.5	8.5	1.0	0
X	30	35	27	5.5	2.5

（2）易损性 B 级结构的震害矩阵见表 6.12 至表 6.23。

表 6.12　I 类地区基本烈度为Ⅵ度地区易损性 B 级结构的震害矩阵（%）

烈度	完好	轻微破坏	中等破坏	严重破坏	毁坏
VI	65.20	27.56	5.77	1.33	0.14
VII	60.55	25.27	9.77	3.60	0.82
VIII	43.49	26.45	18.40	8.75	2.91
IX	22.45	24.15	26.33	17.94	9.15
X	4.57	11.60	24.88	31.64	27.31

表 6.13　I 类地区基本烈度为VII度地区易损性 B 级结构的震害矩阵（%）

烈度	完好	轻微破坏	中等破坏	严重破坏	毁坏
VI	70.90	24.00	4.09	0.88	0.09
VII	69.92	20.60	6.62	2.32	0.54
VIII	56.89	22.56	13.04	5.65	1.86
IX	37.47	23.47	21.14	12.02	5.88
X	13.13	17.62	26.02	24.77	18.46

表 6.14　I 类地区基本烈度为VIII度地区易损性 B 级结构的震害矩阵（%）

烈度	完好	轻微破坏	中等破坏	严重破坏	毁坏
VI	78.10	18.62	2.65	0.57	0.07
VII	79.42	14.67	4.09	1.45	0.37
VIII	70.96	16.29	8.12	3.42	1.21
IX	56.43	18.47	14.22	7.26	3.62
X	30.97	19.94	21.42	16.34	11.33

表 6.15　I 类地区基本烈度为IX度地区易损性 B 级结构的震害矩阵（%）

烈度	完好	轻微破坏	中等破坏	严重破坏	毁坏
VI	85.87	12.75	1.19	0.18	0.02
VII	88.89	8.95	1.66	0.45	0.09
VIII	84.52	10.25	3.74	1.17	0.33
IX	74.94	13.01	7.99	2.90	1.16
X	51.49	19.42	15.80	8.81	4.49

表 6.16　II 类地区基本烈度为VI度地区易损性 B 级结构的震害矩阵（%）

烈度	完好	轻微破坏	中等破坏	严重破坏	毁坏
VI	63.21	28.36	6.52	1.66	0.10
VII	56.97	26.20	11.22	4.49	1.12
VIII	39.17	26.48	20.06	10.50	3.79
IX	18.93	22.84	26.66	20.36	11.21
X	3.50	9.76	22.89	32.51	31.33

表 6.17 Ⅱ类地区基本烈度为Ⅶ度地区易损性 B 级结构的震害矩阵（%）

烈度	完好	轻微破坏	中等破坏	严重破坏	毁坏
Ⅵ	69.29	24.91	4.62	1.06	0.12
Ⅶ	67.24	21.71	7.56	2.80	0.69
Ⅷ	53.28	23.33	14.40	6.67	2.32
Ⅸ	33.65	23.41	22.22	13.67	7.04
Ⅹ	10.96	16.14	25.53	26.27	21.10

表 6.18 Ⅱ类地区基本烈度为Ⅷ度地区易损性 B 级结构的震害矩阵（%）

烈度	完好	轻微破坏	中等破坏	严重破坏	毁坏
Ⅵ	76.73	19.54	2.98	0.67	0.08
Ⅶ	77.54	15.64	4.64	1.72	0.46
Ⅷ	68.35	17.21	9.00	3.98	1.46
Ⅸ	53.18	19.10	15.24	8.22	4.26
Ⅹ	28.00	19.52	21.95	17.64	12.89

表 6.19 Ⅱ类地区基本烈度为Ⅸ度地区易损性 B 级结构的震害矩阵（%）

烈度	完好	轻微破坏	中等破坏	严重破坏	毁坏
Ⅵ	84.85	13.58	1.34	0.21	0.02
Ⅶ	87.81	9.66	1.90	0.53	0.11
Ⅷ	82.94	11.09	4.21	1.37	0.39
Ⅸ	72.60	13.91	8.80	3.32	1.37
Ⅹ	48.40	19.90	16.81	9.75	5.14

表 6.20 Ⅲ类地区基本烈度为Ⅵ度地区易损性 B 级结构的震害矩阵（%）

烈度	完好	轻微破坏	中等破坏	严重破坏	毁坏
Ⅵ	60.79	29.23	7.61	2.10	0.27
Ⅶ	52.64	27.11	13.01	5.69	1.55
Ⅷ	34.16	26.21	21.89	12.74	5.01
Ⅸ	15.12	21.07	26.67	23.22	13.91
Ⅹ	2.43	7.73	20.38	33.15	36.30

表6.21 Ⅲ类地区基本烈度为Ⅶ度地区易损性B级结构的震害矩阵（%）

烈度	完好	轻微破坏	中等破坏	严重破坏	毁坏
Ⅵ	66.97	26.08	5.42	1.36	0.17
Ⅶ	63.37	23.11	8.97	3.60	0.96
Ⅷ	48.25	24.12	16.27	8.25	3.10
Ⅸ	28.67	22.97	23.39	16.08	8.90
Ⅹ	8.42	14.04	24.43	28.05	25.06

表6.22 Ⅲ类地区基本烈度为Ⅷ度地区易损性B级结构的震害矩阵（%）

烈度	完好	轻微破坏	中等破坏	严重破坏	毁坏
Ⅵ	74.48	20.98	3.56	0.87	0.12
Ⅶ	74.34	17.17	5.62	2.23	0.64
Ⅷ	63.99	18.55	10.49	5.01	1.96
Ⅸ	47.96	19.87	16.79	9.92	5.46
Ⅹ	23.59	18.58	22.49	19.66	15.68

表6.23 Ⅲ类地区基本烈度为Ⅸ度地区易损性B级结构的震害矩阵（%）

烈度	完好	轻微破坏	中等破坏	严重破坏	毁坏
Ⅵ	83.49	14.66	1.56	0.27	0.02
Ⅶ	86.25	10.68	2.27	0.66	0.14
Ⅷ	80.68	12.21	4.92	169	0.50
Ⅸ	69.37	15.02	9.91	3.99	1.71
Ⅹ	44.50	20.25	18.01	11.07	6.18

（3）易损性为C级结构的震害矩阵见表6.24。

表6.24 易损性为C级结构的震害矩阵（%）

烈度	完好	轻微破坏	中等破坏	严重破坏	毁坏
Ⅵ	49.00	27.15	15.05	6.76	1.82
Ⅶ	28.00	21.29	22.07	20.27	8.36
Ⅷ	12.00	16.33	23.09	30.22	18.28

烈度	完好	轻微破坏	中等破坏	严重破坏	毁坏
IX	8.00	10.53	17.66	26.08	37.67
X	2.20	4.81	11.91	17.21	63.84

（4）易损性为 D 级结构的震害矩阵见表 6.25。

表 6.25　易损性为 D 级结构的震害矩阵（%）

烈度	完好	轻微破坏	中等破坏	严重破坏	毁坏
VI	32.50	26.50	22.50	16.50	2.50
VII	16.50	18.50	20.00	26.00	19.00
VIII	7.00	12.00	16.50	27.00	37.50
IX	2.50	8.50	14.00	25.00	50.00
X	0.00	1.50	7.50	17.50	73.50

注：以上震害矩阵适用 20 世纪中后期建造的房屋。

6.4　地震的直接经济损失

地震的直接经济损失是指地震后的修复、重建费用，室内财产和救灾费用所投入的资金。

6.4.1　损失的期望值

一个城市或地区在未来一个时期内（例如 50 年），遭遇本地区可能发生的各种强度的地震造成的直接损失乘以它们发生的概率之和为期望损失为

$$\overline{DL} = \sum_s \sum_j (W_s r_{js} + G_s \varepsilon_{js}) \int [\int f_s(R) q_s(D_j | I, R) dR] f(I) dI \quad (6.1)$$

式中　　　W_s——第 s 类结构的总价值（单价×总数）；

　　　　　G_s——第 s 类结构的室内总财产；

　　　　　r_{js}——第 s 类结构发生 j 级破坏状态时的损失比；

　　　　　ε_{js}——第 s 类结构发生 j 级破坏状态时室内财产的损失比；

　　　　　$[\cdot]$——第 s 类结构的震害矩阵，此式是震害矩阵的一般形式，运算由式（4.21）完成。

$q_s(D_j|I, R)$——第 s 类结构在地震强度为 I，j 级破坏状态时与抗力或屈
　　　　　　　服加速度极限值的概率分布有关的变量，具体计算时，
　　　　　　　参见式（4.21）和式（4.19）、式（4.20）。

R——结构的抗力或屈服加速度；

$f(I)$——地震强度（加速度或烈度）概率密度函数。

6.4.2 地震强度为 I 时结构的经济损失

一个未发生或已经发生的确定强度的地震震后重建和修复所需费用为

$$SL(I) = \sum_s \sum_j W_s r_{js} \int f(R) q_s(D_j|I, R)\,dR = \sum_s \sum_j P_s[D_j|I] W_s r_{js} \qquad (6.2)$$

式中 $\sum_j P_s[D_j|I] r_{js}$——结构分类第 s 类结构地震强度为 I 时房屋的损失率。

6.4.3 室内财产损失

室内财产损失由两部分组成，一是由于建筑物破坏砸坏了的设备和装饰物；二是由于建筑物振动，室内设备和装饰物承受不了所产生的惯性而破坏。不论是哪一种原因造成的破坏，重置这些设备所需资金均为室内财产损失，应下式估计：

$$RL(I) = \sum_s \sum_j P[D_j|I] G_s \varepsilon_{js} \qquad (6.3)$$

式中 $\sum_j P[D_j|I] \varepsilon_{js}$——结构分类第 s 类结构地震强度为 I 时屋内财产的损失率。

6.4.4 损失比

房屋破坏的损失比是指房屋发生某一等级的破坏后，把它修复到原来的状态所需费用与房屋当前造价之比。室内财产的损失比是地震损坏的室内设备重置费用与室内全部设备当前价钱之比。现行的结构损失比是 20 世纪 80 年代根据震后修复和国家基建预算确定的；当时的建筑基本无装修，近十年来由于生活水平提高，私人住房和公家用房完工后都有中高档装修；工业建筑内的通风、空调都有很大的改善。这些非主要结构部分常常很容易破坏，恢复这些部位的破坏，现行的损失比就应该提高。根据目前的统计，居住房屋的装修费用一般达到房屋造价的 20%～30%，所以作者建议损失比按表 6.26 采用。

表 6.26　建筑破坏损失比及室内财产损失比 （%）

结构类别	基本完好	轻微破坏	中等破坏	严重破坏	毁坏
钢筋混凝土居住房屋	0~5	5~20	20~55	55~80	80~100
砖结构居住房屋	0~5	5~20	20~50	50~75	75~100
写字楼	0~5	5~20	20~55	55~80	80~100
公共建筑	0~5	5~20	20~50	50~75	75~100
工业建筑	0~2	2~15	15~50	50~75	75~100
农村住房	0~1	1~10	10~40	40~75	75~100
室内财产	0	0	0	20~40	40~95

6.4.5　地震救灾投入

救灾费用包括给灾区投入的药品、医疗、食品、临时帐篷等费用，应计入直接经济损失。不过目前这项费用的投入尚无统一标准，只能说它与受灾的严重程度和灾区的经济发展状况有关。根据可查寻的资料，1975 年海城地震医疗支出为 490 万元、药品及食品为 2500 万元，临时帐篷为 510 万元，占直接损失的7.2%。1966 年河北邢台地震，国务院拨给邢台灾区救济款及物资 9000 万元，河北省政府拨给灾区救济款 2500 万元，国家下拨给灾区的药品及医疗器材约计120 万元，共计约占直接经济损失的 11.62%。1979 年溧阳地震，救援费用为331 万元，占直接损失的 10%。《地震现场工作大纲和技术指南》[23]认为，救灾费用在 6 级以下的地震可按直接损失的 1.5%估计；6~7 级地震可按直接损失的3.5%估计；7 级以上地震可按直接损失的 6.0%估算。

根据以上分析，发生强度为 I 的地震时直接损失的总值应为

$$DL(I) = SL(I) + RL(I) + HL(I) \qquad (6.4)$$

式中　$HL(I)$ ——发生强度为 I 的地震时投入的救灾费用。

6.4.6　简化的地震直接损失估计方法

该简化方法适用于震后在很短的时间内估计出地震的直接损失。一般地震，在Ⅵ度区开始有明显破坏现象，通常计算地震损失最低烈度区也是从Ⅵ度区开始，计算到该次地震的最高烈度区，一般即震中区。已知震级可根据经验预测出不同烈度区的分布面积，因此可按式（6.5）估计经济损失。

$$DL(s) = \sum_{I=6}^{I_0} \sum_{j=1}^{5} \frac{A(I)}{A_0} P_s[\mathrm{D}_j \mid I] r_{js} W_s + \sum_{I=6}^{I_0} \sum_{j=1}^{5} \frac{A(I)}{A_0} P_s[\mathrm{D}_j \mid I] \varepsilon_{js} Q_s$$

$$= W_s \sum_{I=6}^{I_0} \frac{A(I)}{A_0} P_s[L_r \mid I] + Q_s \sum_{I=6}^{I_0} \frac{A(I)}{A_0} P_s[L_q \mid I] \qquad (6.5)$$

式中　　　　W_s——Ⅵ度区到震中区 s 类建筑总价值；

　　　　　　Q_s——Ⅵ度区到震中区 s 类建筑室内财产总价值；

　　　$P_s[L_r \mid I]$——s 类建筑的损失率（图 6.1）；

　　　$P_s[L_q \mid I]$——s 类建筑室内财产损失率；

　　　　$A(I)$——烈度为 I 的地区面积；

　　　　　A_0——Ⅵ度及Ⅵ度以上地区总面积。

　　按结构类型可算出从Ⅵ度区到震中的各类结构的损失率和室内财产损失率，如图 6.1、图 6.2；利用图中给出的损失率分别乘该地震区对应的结构总价值和室内财产总价值，按烈度区面积加权即得 s 类结构地震的直接经济损失。以此作为制定救灾方案的依据是可以接受的。因为影响地震损失的因素很多，有些因素在现场无法确定，另外救灾过程中也常会遇到意想不到的问题，所以作制定救灾方案的依据不要求对损失估计非常精确。

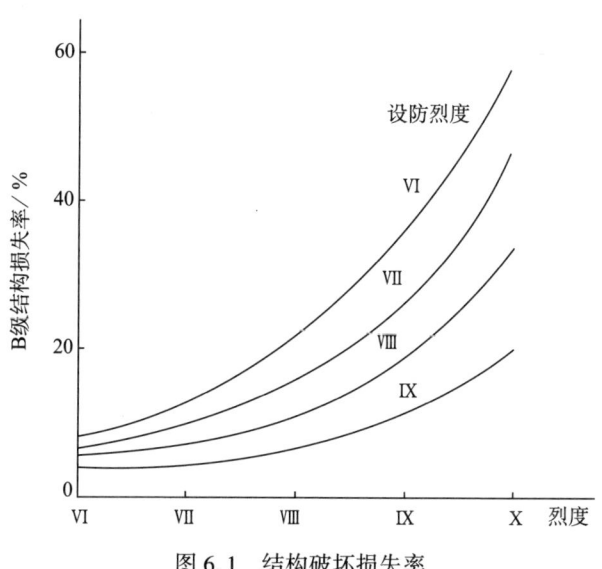

图 6.1　结构破坏损失率

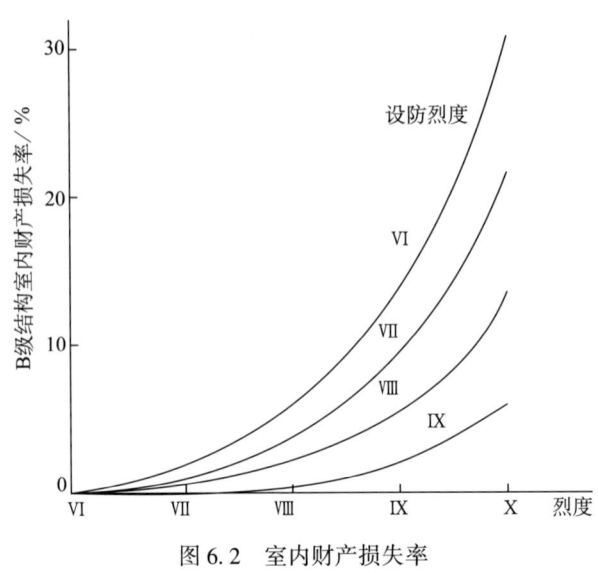

图 6.2 室内财产损失率

6.5 地震间接经济损失

由于房屋建筑及基础设施的破坏,交通运输、能源、原材料供应和商品流通受到影响,生产能力和产值下降等影响产值的因素综合起来表现为城市运作功能的损失,由此导致的经济损失称间接经济损失。一个城市生产总值的下降率可用下式估计:

$$Q(I) = WL(I)^k e^{(1-WL(I))} \tag{6.6}$$

式中 $WL(I)$ ——地震强度为 I 时,城市功能损失率(见公式(2.8));

k ——根据地震经验统计的常数。

震后国内生产总值的损失值不仅与下降率有关,还与生产能力恢复的时间和震前生产总值的增长速度有关。这部分损失可用图 6.3 中两块阴影的面积表示,可用公式(6.7)计算。

$$IL(I) = F_1 + F_2 \tag{6.7}$$

$$\begin{cases} F_1 = N_b \cdot T_1 - \int_0^{T_1} F_{a1}(t)\,dt \\ F_2 = \int_0^{T_2} F_b(t)\,dt - \int_0^{T_2-T_1} F_{a2}(t)\,dt - N_b \cdot T_1 \end{cases} \tag{6.8}$$

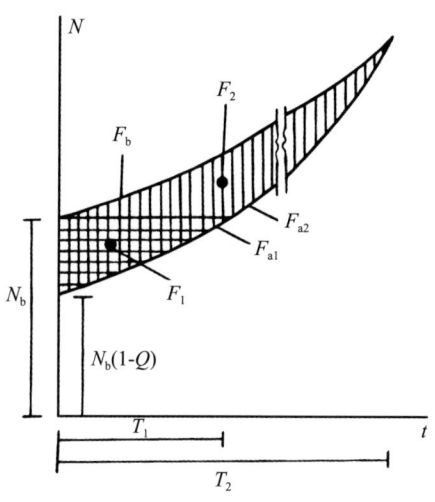

图 6.3　生产总值损失

式中　　N_b——震前本地区国内生产总值；

$\quad\quad T_1$——震后生产恢复到震前生产水平所需时间（年）；

$\quad\quad F_{a1}$——恢复到震前生产水平的增长曲线；

$\quad\quad T_2$——考虑震前国内生产总值的增长，达到不受地震损失时的水平所需的时间；

$\quad\quad F_b$——震前国内生产总值的增长曲线；

$\quad\quad F_{a2}$——恢复到震前的年产值后国内生产总值的增长曲线。

根据我国近几年的震后恢复经验和目前的施工技术，文献［7］统计了震后恢复时间的估计公式：

$$T_1 = 0.003 \cdot \varphi \exp(5.26\,\overline{cd(I)}^{1/2} + 2.53) \quad\quad (6.9)$$

式中　　φ——投资力度、原材料供应等因素对恢复时间的影响系数；

$\quad\quad \overline{cd}$——所研究城市各类建筑的地震危险性指数的加权平均值[8]。

如果在 T_1 年时间内震后的生产能力恢复到震前水平，则年增长率 ρ 必须满足下式：

$$\rho = \frac{1}{(1-Q)^{1/T_1}} - 1 \quad\quad (6.10)$$

式中　Q——生产总值下降率。

如果恢复工作完成后，国内生产总值的年平均增长率变为 η；要赶上震前未受地震影响时的增长速度的产值，需要的时间为

$$T_2 = \frac{T_1 \cdot \ln(1+\eta)}{\ln(1+\eta) - \ln(1+\beta)} \tag{6.11}$$

式中　β——震前国内生产总值的平均增长率；

　　　η——恢复到震前生产水平的年平均增长率。

只有 $\eta > \beta$ 时，公式（6.11）才有意义，即只有震后的生产增长率大于震前的生产增长率才能赶上震前的增长率。

如果震前国内生产总值的年增长平均值为 β，震后恢复期为 T_1，恢复到震前生产水平后的年平均增长率为 η，则公式（6.8）变为

$$F_1 = N_b \cdot T_1 - \frac{N_b(1-Q)(1+\rho)^{T_1} - N_b(1-Q)}{\ln(1+\rho)} \tag{6.12}$$

$$F_2 = \frac{N_b(1+\beta)^{T_2}}{\ln(1+\beta)} - \frac{N_b}{\ln(1+\beta)} - \frac{N_b(1+\eta)^{T_2-T_1} - N_b}{\ln(1+\eta)} - N_b \cdot T_1 \tag{6.13}$$

所以国内生产总值受到的损失为

$$IL(I) = \frac{N_b(1+\beta)^{T_2} - N_b}{\ln(1+\beta)} - \frac{N_b(1-Q)(1+\rho)^{T_1} - N_b(1-Q)}{\ln(1+\rho)}$$
$$- \frac{N_b(1+\eta)^{T_2-T_1} - N_b}{\ln(1+\eta)} \tag{6.14}$$

如果　$\eta = \rho$，则公式（6.14）变为

$$IL(I) = \frac{N_b(1+\beta)^{T_2} - N_b}{\ln(1+\beta)} - \frac{N_b(1-Q)(1+\rho)^{T_2} - N_b(1-Q)}{\ln(1+\rho)} \tag{6.15}$$

震后经过一段时间的恢复，达到震前生产水平是能够实现的。从理论上讲，达到震前的产值水平后，其后的增长速度必须大于震前的增长速度，这部分损失才是有限的；否则这部分损失将无限增长，但是时间越长它占总产值的比例越小，其影响也越小，参见图 6.3。

6.6 地震时人员伤亡估计

地震当时致死，或因致伤 7 天内死亡者均计入本次地震死亡人数中；致伤需住院治疗者为重伤者。

地震时影响人员伤亡因素很多，如地震强度、人口密度、房屋破坏程度、地震发生时间和抢救时间等。

6.6.1 地震人员伤亡与地震烈度的关系

文献［24］对我国 1966~1976 年，大陆发生的 10 余次 7 级以上地震中不同烈度区的伤亡情况作了调查，得出人员伤亡率和地震烈度的关系如表 6.27。该表取自拟合直线上的数据。其中人口密度粗略地分为三种类型：

（1）城市，含大、中、小城市；

表 6.27 地震伤亡率与地震烈度的关系（×10⁻⁴）

地区	城市		乡镇		乡村	
伤亡	死亡率	受伤率	死亡率	受伤率	死亡率	受伤率
Ⅵ度区	0.14	5.40	0.20	3.60	0.06	0.38
Ⅶ度区	3.10	53.00	3.20	31.00	0.64	3.10
Ⅷ度区	48.00	460.00	40.00	260.00	6.80	27.00
Ⅸ度区	680.00	4000.00	480.00	2200.00	74.00	210.00

（2）乡镇，人口密度大于或等于 100 人/km² 的县；

（3）乡村，人口密度小于 100 人/km² 的县。

文献［2］根据 1966 年河北省邢台地震乡村人员死亡的统计死亡率与烈度的关系为

$$\ln D_r = -24.90 + 2.50I \tag{6.16}$$

式中 D_r——死亡率；

I——地震烈度。

6.6.2 地震人员死亡率与房屋倒塌率的关系

文献［2］利用 1966 年邢台地震震中区隆尧县 19 个乡的房屋倒塌率与死亡的资料、1975 年海城地震农村房屋倒塌率与死亡资料，以及 1976 年唐山地震唐山周围县区的房屋倒塌率与死亡资料，建立了三个不同地震农村房屋的死亡比与房屋倒塌率的关系式：

（1）1966年邢台地震（土坯房为主）死亡比与房屋倒塌率关系：

$$\lg D_{p} = -3.70 + 0.043C_{r} \tag{6.17}$$

式中　C_{r}——房屋倒塌率；

　　　D_{p}——人员死亡比。

（2）1975年海城地震（土、石和砖墙的单层房屋为主）人员死亡比与房屋倒塌率的关系：

$$\lg D_{p} = -2.09 + 0.022C_{r} \tag{6.18}$$

（3）1976年唐山地震（多层砖房为主）的死亡比与房屋倒塌率的关系：

$$\lg D_{p} = -1.342 + 0.03C_{r} \tag{6.19}$$

作者根据我国近数十年地震人员死亡资料，统计了死亡比与各类建筑平均倒塌率的关系为

$$\lg D_{p} = 12.479C_{r}^{0.1} - 13.3 \tag{6.20}$$

文献［25］统计了地震死亡比与各种类型建筑倒塌率的关系为

$$D_{P} = D_{r100} \cdot C_{r}^{1.6} \tag{6.21}$$

式中　D_{r100}——倒塌为100%时的死亡比，见表6.28。

表6.28　不同类型结构倒塌为100%的死亡比

结构类型	死亡比 $D_{p}/\%$
1. 碎石砌房屋	30
2. 土坯墙房屋	15
3. 石砌房屋	17.5

续表

结构类型	死亡比 D_p/%
4. 砖墙房屋	25
5. 木框架（差的填充墙）	15
6. 木框架（好的填充墙）	10
7. 木框架（木镶板墙）	5
8. 低质量的钢筋混凝土房屋（填充墙）	15
9. 低质量的钢筋混凝土房屋（剪力墙）	10
10. 高质量的钢筋混凝土房屋（填充墙）	7.5
11. 高质量的钢筋混凝土房屋（剪力墙）	2.5

6.6.3　地震伤亡比与房屋破坏程度的关系

美国 Whitman 等 1975 年提出死亡比与各种破坏状态的关系[26] 如表 6.29。

表 6.29　伤亡比与房屋破坏程度的关系

房屋破坏状态	受伤比例	死亡比例
完好	0	0
轻微破坏	0	0
中等破坏	1/100	0
严重破坏	1/50	1/400
极重破坏	1/10	1/100
倒塌	1	1/5

注：极重破坏和倒塌相当本书的毁坏。

美国 ATC-13[26] 提出了表 6.30 的伤亡比与房屋破坏程度的关系。

表 6.30　伤亡比与房屋破坏状态的关系

房屋破坏状态	轻伤比	重伤比	死亡比
1. 完好	0	0	0
2. 基本完好	3/100000	1/250000	1/1000000
3. 轻微破坏	3/10000	1/25000	1/100000

续表

房屋破坏状态	轻伤比	重伤比	死亡比
4. 中等破坏	3/1000	1/2500	1/10000
5. 严重破坏	3/100	1/250	1/1000
6. 极重破坏	3/10	1/25	1/100
7. 倒塌	2/5	2/5	1/5

注：完好及基本完好相当本书的基本完好；极重破坏和倒塌相当本书的毁坏，本表适用
于木结构和轻质钢结构以外的所有结构；对木结构和轻质钢结构时需乘系数 0.10。

作者认为，表 6.30 给出的死亡比偏高，一般在轻微和中等破坏房屋里很少
造成死亡，这种情况的死亡都是在室外由于坠落物致伤或致死。作者根据对低烈
度区人员死亡的统计，得的结果如表 6.31，此表主要反映室内人员的死伤比。

表 6.31 死伤比与房屋破坏程度的关系

房屋破坏状态	死亡比	受伤比
1. 基本完好	0	0
2. 轻微破坏	0	1/10000
3. 中等破坏	1/100000	1/1000
4. 严重破坏	1/1000	1/200
5. 毁坏	1/30	1/8

6.6.4 地震死亡率与地震发生时刻的关系

文献 [27] 研究了美国 15 个地震资料，给出了地震发生在白天和晚上死亡
率与地震烈度的关系：

$$\left.\begin{aligned}
\ln D_{rn} &= -11.35 + 5.77 \ln I + 0.36 \ln \rho \\
\ln D_{rm} &= -22.73 + 10.6 \ln I + 0.34 \ln \rho \\
\ln\left(\frac{D_{rn}}{D_{rm}}\right) &= 11.38 - 4.83 \ln I
\end{aligned}\right\} \tag{6.22}$$

式中 D_{rn}——晚上的死亡率；

D_{rm}——白天的死亡率；

I——地震烈度;

ρ——室内人口密度。

上式中第三式右端是同一地区地震发生在晚上时死亡率与白天死亡率之比的对数,在烈度小于X度的情况下,晚上的死亡率总是大于白天。当烈度是Ⅶ~X度范围内,相应的 D_{rn}/D_{rm} 分别为7.3、3.8、2.2和1.3。随烈度的增大,晚上的死亡率与白天的死亡率之比越来越小。这一结果说明烈度较低时晚上人死在房间的占多数,在高烈度地区室外死亡的人数增多,这是一个合理的结果。

根据人员一天的活动情况调查,作者给出一天不同时段室内人口密度折减系数,见表6.32。根据此系数可以估计一天内不同时段室内的人口数量;利用公式(6.23)可以计算地震发生在一天内不同时段室内的死亡人数(乘 b 后为总死亡人数)。

$$\{M_d(I)\} = b \sum_s m_s P_s[\mathrm{D}_j | I, I_\mathrm{D}]\{d_j\}_s = b \sum_s m_s P_s[\mathrm{D}_r | I, I_\mathrm{D}] \quad (6.23)$$

$$m_s = c m_{sD} \quad (6.24)$$

式中　　　　$\{M_d(I)\}$——不同烈度死亡人数向量;

　　　　　　m_s——易损性 s 类结构地震时室内实际人数;

　　　　　　m_{sD}——易损性 s 类结构的设计容量或通常室内人数;

　　$P_s[\mathrm{D}_r | I, I_\mathrm{D}]$——按烈度 I_D 设计的易损性 s 类结构,在地震烈度为 I 时的死亡率,见表6.33至表6.35;

　　$P_s[\mathrm{D}_j | I, I_\mathrm{D}]$——易损性 s 类结构设计烈度为 I_D 的震害矩阵;

　　　　$\{d_j\}_s$——易损性 s 类结构 j 级破坏的死亡比向量;

　　　　　　c——人口密度折减系数,见表6.32;

　　　　　　b——室外人员死亡系数,取1.1~1.2。

同理,可以得到受伤人员的计算公式为

$$\{M_e(I)\} = e \sum_s m_s P_s[\mathrm{R}_r | I, I_\mathrm{D}] \quad (6.25)$$

式中　　　　　e——室外人员受伤系数,取1.1~1.3;

　　$P_s[\mathrm{R}_r | I, I_\mathrm{D}]$——按烈度 I_D 设计的房屋,在地震烈度为 I 时的受伤率,见表6.36至表6.38。

表 6.32　不同时段内人口密度折减系数

时间划分			6~8点	8~16点	16~19点	19~次日6点
城市	工作日	A	0.40	0.20	0.40	0.80
		B	0.15	0.75	0.40	0.05
		C	0.10	0.20	0.45	0.20
		D	0.30	0.50	0.35	0.10
	节假日	A	0.70	0.50	0.55	0.85
		B	0.05	0.20	0.10	0.05
		C	0.10	0.50	0.65	0.35
		D	0.35	0.55	0.50	0.15
农村	工作日	A	0.70	0.15	0.80	0.90
		D	0.10	0.05	0.05	0.01
	节假日	A	0.70	0.20	0.60	0.90
		D	0.15	0.10	0.10	0.01

注：A. 住宅、公寓、集体宿舍、宾馆、旅社等；

　　B. 办公室、医院门诊、写字楼、车间等；

　　C. 网吧、影院、娱乐场所、酒厅、餐厅、健身房等；

　　D. 公用建筑、机场候机室、车站候车室等。

利用表 6.31 和本书第五章房屋易损性等级中相应房屋的震害矩阵可以求出这些房屋对应不同烈度的死亡率 $P_s[D_r|I, I_D]$ 和受伤率 $P_s[R_r|I, I_D]$。作者选用本章 6.3 节中的易损性 A 级建筑、Ⅱ类地区 B 级建筑在Ⅵ、Ⅶ、Ⅷ和Ⅸ烈度区的震害矩阵计算了死亡率和受伤率，结果如表 6.33、表 6.34 和 6.36、表 6.37。C 和 D 级建筑是不设防建筑，选用木柱、土坯墙、土屋顶、一层房屋的震害矩阵代表 C、D 级建筑，计算死亡率和受伤率，结果如表 6.35 和表 6.38。这样利用公式（6.23）和（6.25）可很方便地计算不同时刻的人员死伤人数。

表 6.33　易损性 A 级建筑室内人员死亡率（%）

地震烈度	设防情况				
	未设防	Ⅵ	Ⅶ	Ⅷ	Ⅸ
Ⅵ	0	0	0	0	0
Ⅶ	0.0001	0.0001	0	0	0

地震烈度	设防情况				
	未设防	VI	VII	VIII	IX
VIII	0.0402	0.0197	0.0083	0.0001	0.0001
IX	0.1675	0.0958	0.0578	0.0206	0.0011

表 6.34 易损性 B 级建筑室内人员死亡率（%）

地震烈度	设防情况				
	未设防	VI	VII	VIII	IX
VI	0.0232	0.0081	0.0051	0.0034	0.0009
VII	0.0894	0.0419	0.0259	0.0171	0.0042
VIII	0.2249	0.1370	0.0801	0.0528	0.0144
IX	0.4850	0.3610	0.2490	0.1504	0.0500

表 6.35 易损性 C 和 D 级建筑（未设防）死亡率（%）

地震烈度	VI	VII	VIII	IX
死亡率	0.11	0.35	0.59	1.36

表 6.36 易损性 A 级建筑受伤率（%）

地震烈度	设防情况				
	未设防	VI	VII	VIII	IX
VI	0.0025	0	0	0	0
VII	0.0105	0.0085	0.0043	0.0024	0.0010
VIII	0.1640	0.1001	0.0461	0.0075	0.0065
IX	0.7379	0.4072	0.2531	0.0977	0.0171

表 6.37 易损性 B 级建筑受伤率（%）

地震烈度	设防情况				
	未设防	VI	VII	VIII	IX
VI	0.0971	0.0415	0.0271	0.0182	0.0063
VII	0.3555	0.1763	0.1101	0.0723	0.0194

续表

地震烈度	设防情况				
	未设防	VI	VII	VIII	IX
VIII	0.8754	0.5489	0.3406	0.2131	0.0610
IX	1.8624	1.4081	0.9729	0.5907	0.1981

表 6.38 易损性 C 和 D 级建筑（未设防）受伤率（%）

地震烈度	VI	VII	VIII	IX
受伤率	0.4325	1.3734	2.2868	5.1442

6.7 暂无住所人员估计

暂无住所人员是指原住房受到破坏，震后暂时无房可住的人员。估计震后无住所人员数目，是制定救灾和采取应急措施的重要依据。一次地震造成暂无住所人员的多少，与建筑物破坏数量有关，可用下式估计：

$$M_h(I) = \frac{1}{a}(A_1 + A_2 + 0.7A_3) - M_d \qquad (6.26)$$

式中 $M_h(I)$——烈度为 I 的地震暂无住所人数；

A_1——地震时毁坏的住宅建筑面积（m^2）；

A_2——地震时严重破坏的建筑面积（m^2）；

A_3——地震时中等破坏的建筑面积（m^2）；

a——人均居住面积（m^2）；

M_d——本次地震的死亡人数。

第七章　减轻地震灾害对策与设防标准

为贯彻防震减灾工作以预防为主的方针，国家规定，有潜在地震危险的大中城市要编制防震减灾规划，新建工程必须按抗震规范要求设计，旧工程不满足抗震要求的要加固。国内外震例无一例外地表明，震前有防备和采取了合理抗震措施的工程结构与震前无防御者，震后结果迥然不同。制定城市防震减灾规划，就是要在地震发生前做好防御准备，所以编制和组织实施防震减灾规划是当前减轻地震灾害的有效措施。我国是一个多地震的国家，需设防的地震区占我国国土面积的 59.9%；地震又是低概率事件，所以制定防灾对策时必须考虑经济效益，确定经济和社会承受力均可接受的设防标准是当前减轻地震灾害损失工作的一件大事。

7.1　防震减灾规划应含内容

7.1.1　震前预防准备

地震未发生前的主要任务是：最大限度地消除和减轻地震能引起严重灾害的隐患；加固旧建筑、提高新建筑的抗震能力是消除隐患工作之一；按防御目标做好城市建设规划；筹划抢险救灾物资；强化社会各界的防灾意识。为此应做好下列诸项工作：

（1）组织建立防震减灾领导机构，统一领导减灾工作。

（2）加强地震活动与地震前兆的信息检测、传递、分析、处理，对可能发生地震的地点、时间、震级的预测。

（3）对现存建筑的抗震能力进行评估，划出危险建筑和需加固的建筑，并制定加固和改造规划，估计一旦发生地震可能造成的损失和人员伤亡；制定出减轻这种损失的具体措施。

（4）制定合理的设防标准，建立新建工程设防管理条例；新建工程必须按照国家颁布的地震动参数区划规定的抗震设防要求进行设防，按抗震规范规定进行抗震设计。

（5）对地震发生后能引发水灾、火灾、爆炸和污染的建、构筑物，制定控制和预防灾害发生的措施，并将这些措施纳入城市建设规划和产品标准。

（6）加强对公民的防震减灾宣传教育，提高公民在地震时自救和互救的能力。

（7）做好救灾物资的储备。

（8）建立防震减灾计算机信息管理系统和房屋建筑、人口资料数据库，编制地震损失评估软件及人员培训。

7.1.2 震时应急预案

震时应急是指地震发生到震后 20 余天内或发生余震的这一时段的工作；预案是事件未发生时制定的事件发生后的行动方案和事前应做的准备工作。震后的应急工作主要是拯救生命，保护财产，阻止和扑灭续发灾害，安置灾民生活。为做好这些工作，应急预案应包括：

（1）组建救灾指挥系统，旨在灾害性地震发生后，立即有条不紊地指挥现场救灾行动。

（2）保证震时通信系统通畅。

（3）制定救灾物资、医疗救助器械准备和安置灾民的生活规划。

（4）抢险救灾队伍的调度和社会治安保卫工作计划。

（5）灾害评估准备和应急行动方案。

根据历次地震震后的抢救工作经验，应急行动大致可分为下列三个时段：

震后 1~2 天为紧急枪救阶段。抢救人员和抢救机械必须迅速到位，立即抢救埋压人员、救治和转运伤员，扑灭次生灾害和发放救济食品，疏散危房里的居民，安排灾民临时住所。

震后一周左右为即时救助阶段，主要工作是开展灾民自救与互救，运送和发放救灾物资，安置和医疗救护伤员，安置灾民生活，加强震情监测。

震后一个月左右为稳定生活阶段，主要工作是抢修和恢复供水、供电、供气、通信和交通系统，稳定灾民生活，做好防疫和宣传工作。

上述预防规划中一部分工作是在地震发生前应做的和应做准备的；另一部分是震前应考虑，但是只有地震发生后根据现场的具体情况才能实施的。不管是震前应做的还是震后才能实施的，只要在震前按这些内容做了准备，地震发生后就能及时保证抢救人员和救灾物资迅速到位，这样就不会失去最佳营救时机，就可以减轻地震伤亡和损失，就达到了减灾效果。

7.1.3 发展地震保险业，由社会分担风险

目前我国震后恢复与重建主要靠国家拨款，部分靠社会各界捐助。国外的震后重建可以从地震保险索赔得到很大一部分补偿；从而减少国家财政负担和个人

损失。保险业是由社会分担风险的自救和互救相结合的有偿救援，所以发展地震保险业也是提高应付地震灾害能力、减轻地震损失的重要对策之一，对恢复生产，特别在重大灾害发生之后稳定社会生活有重要意义，应纳入减灾规划。

7.2 城市综合防御能力的水准与现代化程度的关系

为减轻地震灾害，我国政府在 20 世纪 90 年代提出了 10 年减灾目标，即"在各级人民政府和全社会的共同努力下，争取用 10 年左右的时间，使我国大中城市和人口稠密、经济发达地区具备抗御 6 级左右地震的能力"。为实施这一目标，目前很多大中城市编制了破坏性地震应急预案和防震减灾规划，进行了震害预测，建立了防震减灾计算机信息管理系统等，这些都是实现 10 年减灾目标的重要工作。但是做了这些工作是否就实现了 10 年减灾目标呢？这是大家目前希望得到回答的问题，回答这个问题首先应说明城市综合防御的水准和影响它的因素是什么？作者在这里试图作些探讨。

地震造成经济损失和人员伤亡，主要是工程结构的破坏造成的，因此提高工程结构抗御地震的能力是减轻地震损失的重要措施。提高工程结构的抗震能力，必须增加工程投资，这部分投入在不发生地震时，是不产生效益的。地震是一低概率事件，所以在确定防御地震水平时必须考虑因地震增加的一部分投入未来的经济和社会效益。如何权衡这部分投入与同一期间内地震的经济损失、人员伤亡和社会影响的关系，是确定目前城市防御水准和未来新建工程设防标准工作中尚需研究的问题，也是经济建设中的重要问题。

防御地震的水准既是一个技术问题，又具有一定的政策性。确定一个城市的防御水准时，必须考虑社会对灾害和经济投入的双向承受能力，以及本地区的地震危险性程度。为检查 10 年减灾目标的实施情况应先弄清楚本地区受 6 级地震影响的潜在震源和受其影响的程度，然后确定应采取防御措施的水平。评价一个城市综合防御地震的能力，就是检查它的防御措施到位情况。影响城市防御地震能力的措施可分为两部分，一是工程性的硬措施，如建筑物和生命线工程等预防、抗御地震的能力；二是非工程性的软措施，如防震减灾规划、应急预案、地震监测预报、地震安全性评估等是否做得到位。另外，城市的现代化程度也是影响城市防御地震能力的重要因素之一，城市经济越发达，现代化程度越高的地区，对自然灾害就越敏感，人对社会的依赖性就越大，灾害后果相对就越严重，这是人类社会和科学技术发展的必经之路。金融、交通、通信、商业等行业的运作都是以分秒为计算单位的，如果在它们的运作系统中有一个环节发生故障，就会影响它们的产出，造成经济损失。美国 2003 年因北美大停电，部分城市受到影响，每天损失 300 亿美元。1995 年 1 月 17 日日本阪神 7.2 级地震损失 1000 亿美元；我国云南 1988 年 11 月 6 日 7.6 级地震损失 27 亿人民币，表明两个几乎相同大小的地震发生在两个经济发达程度不同的地区，其后果就有如此大的区别。所以可能引起不同后果的地区，尽管要防御的是同等大小的地震应采取不同的预防水准。但是，目前各国抗震设计规范规定的措施只考虑地震的作用强度，而不考虑其后果的差异，这是抗震设计和评价城市防御能力时应重视的问题。

7.3　工程性预防措施评价标准与评价方法

在地震宏观调查和地震灾害预测中，通常把建筑物的破坏分为五个等级，把它们量化后对应的数值称为破坏指数[5,8]，如表 7.1 所示。

表 7.1　破坏等级与破坏指数

破坏等级	基本完好（D$_1$）	轻微破坏（D$_2$）	中等破坏（D$_3$）	严重破坏（D$_4$）	毁坏（D$_5$）
破坏指数 λ_j	0	0.2	0.4	0.7	1.0

描述一次地震可能造成建筑物的破坏分布，常用震害矩阵表示。某一类建筑的震害矩阵是在确定强度的地震作用下建筑物发生不同破坏程度的分布。它与对应的破坏指数相乘后相加，称为该类建筑的地震危险性指数，它代表这类建筑遭到地震时的危险性程度，数值为 0~1；数值越大危险性越大，结构的抗震能力越差。结构分类中 s 类建筑的地震危险性指数用下式计算：

$$cd_s(I) = P_s[\,D_j\,|\,I\,]\{\lambda_j\} \tag{7.1}$$

式中　$P_s[\,D_j\,|\,I\,]$——结构分类中 s 类建筑的震害矩阵；

　　　　$\{\lambda_j\}$——破坏指数向量。

城市中各类建筑的地震危险性指数与它们所占建筑面积同全市各类建筑总建筑面积之比相乘的加权值代表这个城市建筑物总体的地震危险性程度，这里称它为该城市的建筑物综合地震危险性指数。指数值越小，地震时建筑物危险性越小。因此该指数可作为评价城市建筑物总体抗震能力的指标，由下式计算：

$$\overline{cd}(I) = \sum_s \frac{A_s}{A} cd_s(I) \tag{7.2}$$

式中　A_s——结构分类中 s 类建筑的总面积（m²）；

A——各类建筑建筑面积总和（m²）。

本书第五章把我国目前的建筑按易损性分为 A、B、C 和 D 四个等级（表 7.2），易损性指数的定义见公式（5.1）。

表 7.2　结构易损性分级

易损性等级	A	B	C	D
结构类型	钢结构和钢筋混凝土结构	经过正规设计的砖结构和单层厂房	未经正规设计和砂浆在强度等级低于 M0.4 的砖结构	生土结构
抗震能力	强	中等	弱	很弱
易损性指数	$VID<0.20$	$0.2 \leqslant VID<0.30$	$0.30 \leqslant VID<0.4$	$VID \geqslant 0.40$

作者利用目前华北地区几个大中城市和乡镇中易损性等级 A、B、C、D 四种建筑各自的平均震害矩阵，计算了它们在不同地震强度时的地震危险性指数，结果如图 7.1。目前我国大中城市里还有一定数量 20 世纪 70 年代以前未设防的建筑和 C 级建筑；D 级建筑在大城市里已基本绝迹。从整体上讲，目前大中城市里的建筑有一部分还达不到抗震规范要求的水平；城市的改造需要逐步完成。因此 A、B、C 三个等级的建筑在城市里相当一段时间里还会并存。所以目前城市里的工程性抗御地震的能力就体现在这些建筑的综合地震危险性指数上。

震害指数的概念首先是胡聿贤院士在 1970 年通海地震时提出的，当时是为了提高宏观烈度的评定精度，作为现场评定烈度的一个辅助手段。在这里要指出的是，综合地震危险性指数是一个城市各类建筑整体的地震危险性指标，表示一个城市在地震时建筑物可能受到的破坏程度，与震害指数的含义不同，两者不可混淆。

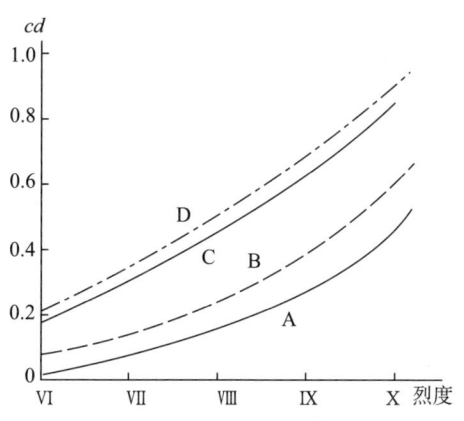

图 7.1　地震危险性指数与烈度的关系

地震造成的经济损失和人员伤亡是地震后果的两项重要标志，也是确定防御水准必须控制的指标。地震损失与伤亡，与建筑物的综合地震危险性指数有关，所以该指数是衡量城市防御能力的重要依据。表示经济损失和人员伤亡的指标由下述方法计算。

（1）地震烈度为 I 时各类建筑直接经济损失率的加权值：

$$\overline{DL_{\mathrm{b}}}(I) = \sum_s \frac{C_s}{C} DL_{\mathrm{b}s}(I) \tag{7.3}$$

式中　　C_s——结构分类中 s 类建筑的总价值；

　　　　C——各类建筑的价值总和；

　　　$DL_{\mathrm{b}s}$——结构分类中 s 类建筑的直接损失率，

$$DL_{\mathrm{b}s}(I) = P_s[\mathrm{D}_j | I]\{r_j\} \tag{7.4}$$

　　$\{r_j\}$——结构分类中 s 类建筑破坏后修复费用与重置费用之比的向量。

利用公式（7.4）可以计算出各类建筑的直接损失率，它与地震烈度的关系，如图6.1所示。

（2）地震烈度为 I 时各类建筑内死亡率的加权值：

$$\overline{D_r}(I) = \sum_s \frac{m_s}{m} D_{rs}(I) \tag{7.5}$$

式中　　m_s——结构分类中 s 类建筑中地震时的实际人数；

　　　　m——地震时各类建筑内人数总和；

　　　D_{rs}——结构分类中 s 类建筑里人员死亡率，

$$D_{rs}(I) = P_s[\mathrm{D}_j | I]\{d_j\} \tag{7.6}$$

　　$\{d_j\}$——对应于建筑 j 级破坏的死亡比。

利用公式（7.6）可以计算出不同烈度时各类建筑里的死亡率，易损性 B 级结构死亡率与地震烈度的关系如图7.2。考虑到目前我国大中城市建筑物的实际情况和地震灾害的特殊性，城市的建筑综合地震危险性指数在遇到防御地震时小于和等于0.15，即可以认为能为社会接受。这就意味着各类建筑的平均破坏程度相当Ⅵ度的破坏程度。

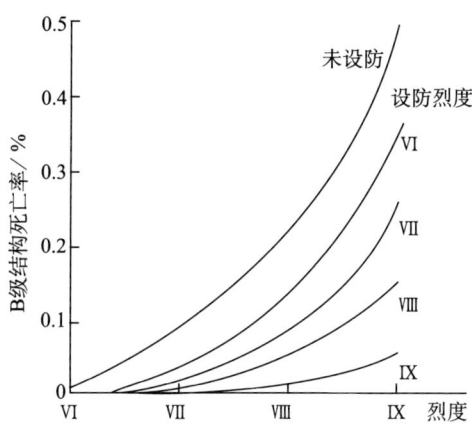

图 7.2　B 级结构死亡率与地震烈度的关系

7.4　非工程性预防措施的评价

非工程性预防措施是指政府部门和社会组织震前对工程性预防措施的落实工作和防震减灾规划制定情况，如地震监测预报能力达到的水平，地震后减轻续发性灾害和恢复社会生活的措施及预期效果，应急对策、救灾物资的储备情况和防震减灾工作体系的建立等。评价这些工作是否到位应以国家有关部门发布的有关条例和文件为依据，属政府行为非技术问题。

7.5　设防标准的若干问题

7.5.1　目前设防标准待解决的问题[8,28,29]

设防标准由两个定量参数组成：①设计地震动大小和概率水平；②允许结构达到的极限状态。因为地震发生的概率很低，作用时间又非常短暂，各国抗震设计规范规定的结构抗御地震荷载的安全储备都比静荷载低。因为提高结构的地震安全储备必将增加投资，图 7.3 是地震设防投资与安全的示意图；它反映了设防标准与投资的关系。图中 A、F 和 J 相当我国现行抗震设计规范中丙类建筑的设防目标；E、I 相当乙类建筑的设防目标；H 相当甲类建筑的设防目标；G、B 和 C 是不设防的临时建筑或不住人的仓库。图中地震强度坐标是 50 年超越概率；房屋的反应状态分三挡：①即可运行，指建筑功能不受损伤，地震后可继续使用；即小震不坏；②稍修运行，指地震后需稍加修理方可使用；即中震可修；③生命安全，指建筑物破坏较严重，但不会造成人员伤亡，即大震不倒。一般情况，实现上述三个设防目标的投资是不同的；我国现行规范按标准 A 设计，校核目标 J；在不改变投资的情况下实现三个设计目标；其中目标 F 能否自动满足尚待论证。如果按目标 A 设计，而且后两个目标在同一投资情况下也能实现，这个设防标准是否合理，尚需从经济和社会效益两方面分析判断。

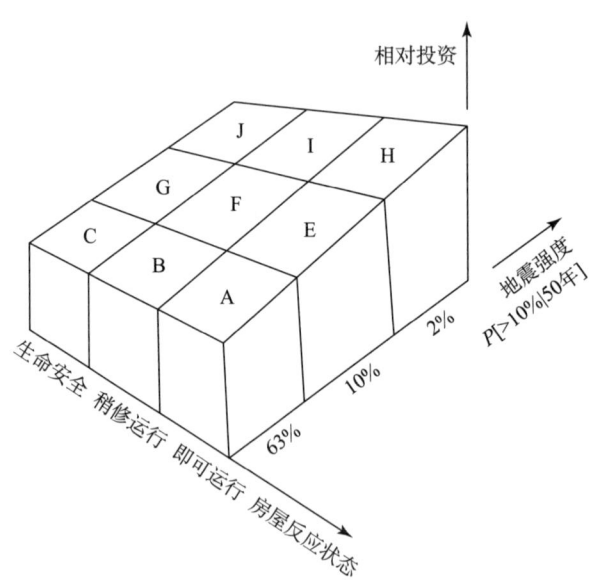

图 7.3　设防目标与设防投资

我国从 1974 年颁布第一部抗震设计规范后，到目前已修订过五次，共有六个版本的房屋建筑抗震设计规范。它们规定的设计地震影响系数最大值基本相同，Ⅶ度为 0.075~0.08；Ⅷ度为 0.15~0.16；Ⅸ度为 0.30~0.32（见第四章）。设计加速度是根据地震区划图给出的基本烈度和反应谱确定的。我国到目前已颁布过五个版本的地震区划图；上述版本的抗震规范与地震区划图的版本基本相对应；六个版本的抗震规范采用的设计加速度虽然基本相同，但因为它们依据的基本烈度含义不同，所以它们代表的地震危险性水平是不同的；即其中隐含着不同的设防水准。这只是从地震动参数一个因素来看，当然不同版本规范规定的构造措施也有差异。从设防目标上看它们又基本上是一致的，即通过本规范设计的建筑应达到"大震不倒，中震可修，小震不坏"，即图 7.3 中的"生命安全""稍修运行""即可运行"。上述问题都涉及经济与安全，比如，按现行标准设计是否能达到预期目标，这个目标的经济投入是否合理等都是目前规范里亟待进一步研究论证的问题。

目前全国县级以上城市有 2393 个（2004 年资料），根据 1990 年版地震烈度区划图统计，位于Ⅵ度和Ⅵ度以上地震区的城市有 1939 个，占我国城市的 81%。根据 2001 年版地震动参数区划图统计，位于峰值加速度为 0.05g 和大于 0.05g 的城市有 1979 个，占全国城市的 82.7%。不同地震烈度区和不同峰值加速度区的城市数和所占比例如表 7.3 和表 7.4。

表 7.3　中国地震烈度区划图（1990）

烈度区	城镇个数	百分比	烈度区	城镇个数	百分比
Ⅵ	919	38.4%	Ⅷ	192	8.0%
Ⅶ	726	30.3%	Ⅸ	42	1.8%

表 7.4　中国地震动参数区划图（2001）

加速度分区/g	城镇个数	百分比	加速度分区/g	城镇个数	百分比
0.05	904	37.8%	0.20	216	9.0%
0.10	523	21.9%	0.30	39	1.6%
0.15	283	11.8%	0.40	14	0.6%

我国 28 个省会城市（含台湾）和 4 个直辖市，再加上港澳共 34 个城市均在峰值加速度为 0.05g 和大于 0.05g 的地震区。根据目前的设防水平，被大家认可的设防投入，Ⅵ度设防增加投资 2%～2.2%；Ⅶ度设防增加投资 5%～5.5%；Ⅷ度增加 9%～11.5%；Ⅸ度增加 15～19%。我国有 80% 以上的县级以上城市要设防，在这样众多的城市和广阔的国土上进行工程抗震设防需要增加巨大的投资。而这些投资只在遭受地震袭击时才起作用，见到效益。在这样众多设防工程中，在它们使用期间能遇到地震的是少数；因此在多数工程中的设防投资是无效益的。如何平衡设防投入、地震损失和社会承受能力三者的关系，属于地震设防投资的风险决策分析问题。

7.5.2　地震设防投资风险分析

1. 风险型决策必须具备的五个条件

（1）决策人希望达到的目标必须存在。地震设防投资存在着效益最大或损失最小的希望目标。

（2）有两个以上的决策方案可供决策人选择，最后只选定一个方案。设防烈度的大小或地震动峰值加速度的大小，是可供决策人选择的方案。

（3）有两个或两个以上的不以决策人的主观意志为转移的自然状态。地震发生的大小、发生的概率都是决策人不能转移的自然状态。

（4）不同的决策方案在不同自然状态下的相应效益或损失可计算。

（5）在几种不同自然状态中未来将出现哪一种，事先是不能肯定的，但各种状态出现的概率事先是可以估计或算出的。

设防投资具备这五个条件，所以应按风险型决策分析方法分析。决策可分为最大可能准则和期望值准则。最大可能准则是确定型决策，如在风险决策时选择一个概率最大的自然状态进行决策分析，不考虑其他自然状态的发生，属于确定型决策问题，叫作最大可能准则。这种决策准则应用较广，但是必须注意，如果在一组自然状态中某一个自然状态出现的概率比其他都大，而且它们相应的效益相差不大，则使用这种准则的效果较好；如果一组自然状态中它们出现的概率都很小，而且比较接近，则采取这种准则的效果就差，甚至会出现错误。期望值准则是把每一个行动方案看作离散型随机变量，求出它们的期望值后加以比较；如决策目标是效益最大，取期望值最大方案；如果决策目标是损失值最小，取期望值最小方案。显然地震设防投资效益是决策目标中最大方案，属期望值准则的分析范畴。

2. 期望值准则决策分析方法

设 $W = \{W_1, W_2, \cdots, W_m\}$ 为决策者所有可能行动的方案集合，如把它看作一个向量，则 $W_i(i=1, 2, \cdots, m)$ 就是一个分量，可以写为

$$W = (W_1, W_2, \cdots, W_m)$$

自然状态的集合记作：

$$I = \{I_1, I_2, \cdots, I_n\}$$

状态向量为 $I_j(j=1, 2, \cdots, n)$，若状态 I_j 发生的概率为 $P[I_j]$，则状态概率向量为

$$P = (P[I_1], P[I_2], \cdots, P[I_n])$$

归一化后，有

$$\sum_1^n P[I_j] = 1 \tag{7.7}$$

当实际自然状态为 I_j 时，采取的行动方案为 W_i 的益损值为 $\omega_{ij}=f(W_i, I_j)$；W_i 的益损期望值为 $E(W_i)$，它们之间关系如表 7.5。

表 7.5　行动方案与益损期望值的关系

自然状态		$I_1, I_2, \cdots, I_j, \cdots, I_n$	益损期望值
自然状态发生概率		$P_1, P_2, \cdots, P_j, \cdots, P_n$	
行动方案	W_1	$\omega_{11}\ \omega_{12}\ \cdots\ \omega_{ij}\ \cdots\ \omega_{1n}$	$E(W_1)$
	W_2	$\omega_{21}\ \omega_{22}\ \cdots\ \omega_{2j}\ \cdots\ \omega_{2n}$	$E(W_2)$
	$\vdots$	$\vdots$	$\vdots$
	W_i	$\omega_{i1}\ \omega_{i2}\ \cdots\ \omega_{ij}\ \cdots\ \omega_{in}$	$E(W_i)$
	$\vdots$	$\vdots$	$\vdots$
	W_m	$\omega_{m1}\ \omega_{m2}\ \cdots\ \omega_{mj}\ \cdots\ \omega_{mn}$	$E(W_m)$
决策		$W_r = \max[E(W)]$ 或 $W_s = \min[E(W)]$	

第 i 个行动方案的益损期望值可表示为

$$E(W_i) = \sum_{j=1}^{n} P[I_j]\omega_{ij} \tag{7.8}$$

决策时取最大值为效益最大方案；取最小值为损失最小方案。

3. 效益最佳设防地震动参数

在防御地震灾害决策时，有下面三种选择：①地震不是经常发生的，因此可不采取防御措施。这种选择带有较大的风险，一旦发生地震将付出较大的代价。②适当考虑设防措施的投入。这种选择带有一定的风险。③确保各类建筑的安全，为防灾措施投入较多资金。这种选择过于保守，如果在它们的使用寿命期间未遇到地震或遇到了较小的地震，这些投入的资金在某种意义上就是一种浪费。目前世界上不论是经济发达国家，还是发展中国家，在防御地震灾害的决策时均选择第②种类型。这一决策类型中还存在设防地震动参数的概率水准和经济投入的效益如何确定问题。设防投入的经济效益用下式表示：

$$W_c(I) = b(EL_0(I) - EL_r(I)) - \lambda(I)\,\overline{C}_s \tag{7.9}$$

式中　$EL_0(I)$——未设防的结构在地震强度为 I 时的直接经济损失；

　　　$EL_r(I)$——设防的结构在地震强度为 I 时的直接经济损失；

　　　$\lambda(I)$——按地震强度为 I 时设防多投资金与未设防时结构总造价之比；

　　　$\overline{C}_s$——未设防时的结构总造价；

　　　b——考虑到间接经济损失对经济损失的修正系数。

从公式（7.9）可以看出，W_c 越大，设防投入效益越大；$W_c = 0$，说明设防投入无效益；W_c 为负值，说明设防为负效益。

根据我国近几年的地震救灾经验，救灾投入可以视为与地震的大小成正比，这样公式（7.9）的期望值可按公式（7.8）写为

$$
\begin{aligned}
E(W_c) = \overline{C}_s b \sum_{I=6}^{10} & \{ L_0(I)[1 + c(I-5)] - L_r(I)[1 + \lambda(I)] \\
& \cdot [1 + e(I-5)] \} P[I] - \lambda(I) \overline{C}_s
\end{aligned}
\tag{7.10}
$$

式中　$L_0(I)$——结构未设防时含室内财产的直接经济损失率；

　　　$L_r(I)$——结构设防后含室内财产的直接经济损失率；

　　　I——地震动强度，这里用地震烈度表示，取 $I \geqslant \mathrm{VI}$；

　　　$P[I]$——地震烈度 I 的地震发生概率；

　　　b——考虑地震间接损失时对经济损失的修正系数；

　　　c——未设防地区受灾后所需救灾费用系数；

　　　e——设防地区受灾后所需救灾费用系数；

　　　$\lambda(I)$——设防烈度为 I 时投入资金与未设防结构总造价之比；

　　　$\overline{C}_s$——未设防结构总价值。

根据公式（6.2）和式（6.3），结构分类 s 类结构的地震直接经济损失可以写为

$$
\begin{aligned}
DL(I) &= W_s \sum_j P[\mathrm{D}_j | I] r_{sj} + G_s \sum_j P[\mathrm{D}_j | I] \varepsilon_{sj} \\
&= \sum_j P[\mathrm{D}_j | I](r_{sj} + m\varepsilon_{sj}) W_s \\
&= \sum_j P[\mathrm{D}_j | I] A_{sj} W_s = L(I) W_s
\end{aligned}
\tag{7.11}
$$

$$
A_{sj} = r_{sj} + m\varepsilon_{sj} \qquad m = \frac{G_s}{W_s}
\tag{7.12}
$$

式中　　　　r_{sj}——s 类结构发生 j 级破坏时的损失比，见表 6.26；

ε_{sj}——s 类结构发生 j 级破坏时室内财产损失比；

W_s——s 类结构总造价；

G_s——s 类结构室内财产总价值；

m——s 类结构室内财产总值与结构总造价之比；

$P[D_j|I]$——结构震害矩阵。

作为例子，我们从第三代地震区划图上选择 8 个城市，其中西北地区 2 个，华北地区 4 个，西南地区 1 个，东北地区 1 个，根据它们在 50 年内不同烈度的超越概率，用公式（2.28）计算它们在 50 年内不同烈度地震发生概率，如表7.6 所列。

表 7.6　8 座城市 50 年内不同烈度的地震发生概率

城市编号	50 年内地震发生概率					基本烈度	地区
	VI	VII	VIII	IX	X		
1	0.29	0.12	0.034	0.0036	0.000075	VIII	西北
2	0.40	0.23	0.073	0.00055	0.00033	VIII	西北
3	0.432	0.327	0.087	0.0077	0.000156	VIII	西南
4	0.34	0.102	0.025	0.0026	0.000065	VIII	华北
5	0.32	0.16	0.053	0.01	0.0008	VIII	华北
6	0.317	0.086	0.019	0.0028	0.000095	VII	华北
7	0.225	0.135	0.10	0.05	0.008	VIII	华北
8	0.198	0.044	0.005	0.00015	—	VII	东北

根据表 7.6 给出的各种烈度在 50 年内的发生概率，作者分析了砖结构在这8 座城市中的最佳设计地震动参数。分析中取 $m=0.3$；按表 6.26 给出的损失比的中值计算综合损失比 A_{sj}；然后利用第六章给出的 II 类地区易损性 B 级结构的震害矩阵计算它们损失率（$\sum_j P[D_j|I]A_{sj}$），如表 7.7。

表 7.7　砖结构损失率（%）

地震烈度	设防烈度					
	未设防	VI	VII	VIII	IX	X
VI	9.85	8.98	7.50	6.07	4.53	4.38

续表

地震烈度	设防烈度					
	未设防	VI	VII	VIII	IX	X
VII	15.09	13.20	9.92	7.33	4.63	4.38
VIII	24.66	23.09	16.61	11.55	6.39	5.95
IX	41.21	39.54	29.10	19.66	10.58	9.70
X	60.49	66.02	53.0	37.54	22.25	20.53

因设防增加的投入，目前取大家认可数值的中值，VI度为2.1%，VII度为5.75%，VIII度为10.25%，IX度为17%，X度为21%。如果不考虑地震发生的概率，用式7.9分析表7.6中第8个城市的设防投资效益，则按VIII度设防效益最好，即比基本烈度高一度设防，如图7.4，按上面给出的参数，其中$b=2$，$c=0.03$，$e=0.01$，用式（7.10）计算表7.6中8个城市的期望值$E(W_c)/\overline{C}$，按前述经济效益的定义，对应此期望值的最大值的设防烈度经济效益最大，对应此设防烈度的地震动参数为最佳地震动参数。这8个城市对应不同设防烈度的最大经济效益分别绘于图7.5。从图可以看出，从经济角度看，基本烈度并不是效益最大的设防烈度。这8个城市中除第3个城市设防烈度为VII度时效益为正外，其他城市都是负的。说明设防的建筑在50年内可能遭遇的地震损失的平均值加上它的设防投入大于不设防建筑的地震损失平均值；若只从经济角度看设防还不如不设防。这一结果说明考虑和不考虑地震发生概率两者的设防经济效益相差甚大；虽然设防投入效益不是确定设防标准的唯一条件，但是我国众多的大中城市位于地震区，需要设防，设防标准关系到建设投资和人民生命财产的安全，因此如何评价设防标准的合理性是值得进一步研究。

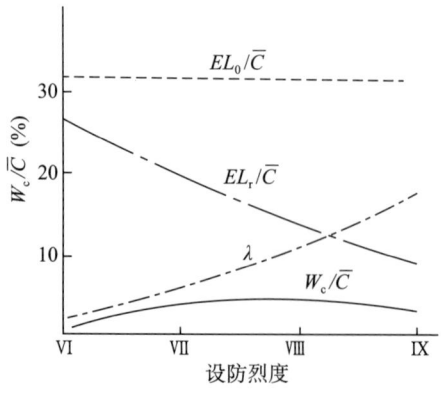

图7.4 投资效益与设防烈度的关系

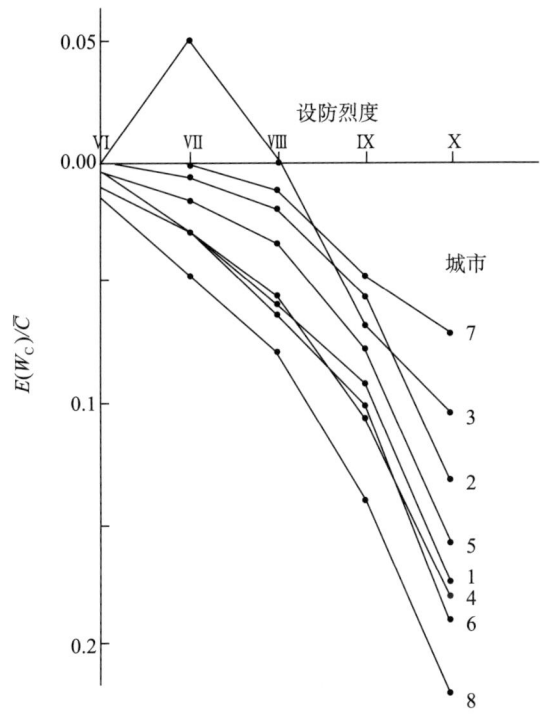

图 7.5　不同城市设防效益与设防烈度的关系

4. 合理的设防标准

制定工程抗震设防标准是减轻地震灾害的重要环节，根据地区的地震危险性确定经济效益较好的设防地震动参数是制定设防标准的重要工作之一，它是约束确定合理设防标准的条件之一；另外地震灾害对社会的影响和人员伤亡等因素也是约束确定设防标准的重要条件；只有处理好它们之间在设防标准中的关系，才能得出较合理的设防标准。问题是后两者目前还没有一个为大家共识的定量标准，因此设防标准的合理性只能是相对的。综合以上所述可以得下列几点认识：

（1）地区的地震背景是制定抗震设防标准的重要依据，同一基本烈度区中所含概率水平不同的地区应有不同的优化设计地震动参数。

（2）同一基本烈度区中社会经济条件和地震灾害后果不同的城市或地区，可有不同的设防标准。

（3）地震后果不同的工程结构应有不同的设防目标。

（4）合理的设防标准应该是设防的经济效益、人员伤亡和震后社会影响等因素的最优组合。

参 考 文 献

［1］ 马宗晋主编，自然灾害与减灾，地震出版社，1990。

［2］ 傅征祥等，地震生命损失研究，地震出版社，1993。

［3］ 董颂声等，1949 年以来我国的地震灾害与地震活动性，中国地震，1997，13 卷，3 期。

［4］ 邹其嘉等，唐山地震灾区社会恢复与社会问题研究，地震出版社，1997。

［5］ 尹之潜等，震害与地震损失估计方法，地震工程与工程振动，1990，10 卷，1 期。

［6］ GB/T 18208.3—2000 地震现场工作 第三部分：调查规范

［7］ 赵直等，中国华北北部地震损失预测模型研究，国家地震局工程力学所研究报告，1995。

［8］ 尹之潜等，城市地震防御能力评价和防御水准问题，自然灾害学报，1998，7 卷，1 期。

［9］ 胡聿贤，地震工程学，地震出版社，1988。

［10］ Robert L Wiegel, Earthquake Engineering, Prentice-Hall, Inc Englewood Cliffs, N. J. 1970.

［11］ Chopra A K, Capacity-demand-diagram methods for estimating seismic deformation of inelastic structures: SDOF Systems, Report No. PEER-1999/02.

［12］ 朱镜清，结构抗震分析原理，地震出版社，2002。

［13］ 尹之潜，地震灾害及损失预测方法，地震出版社，1995。

［14］ 尹之潜，地震灾害损失及对策效益分析，地震联合基金项目结题报告，中国地震局工程力学研究所，1990。

［15］ 霍自正等，关于多层砖房抗震变形问题的探讨，陕西省建筑科学研究所研究报告，1983。

［16］ 尹之潜等，多层砖石房屋动力特性，地震工程研究报告集（第一集），科学出版社，1962。

［17］ 尹之潜等，多层建筑楼层变位与屈服强度的关系和控制变位防止结构倒塌问题，地震工程与工程振动，1985，5 卷，1 期。

［18］ Yin Zhiqian et al., A seismic Problems of multi-Story R. C frame with infill walls, Proceedings of the US/PRC workshop on seismic anaiysis and design of R. C, Structures, 1981.

［19］ 梅村魁等，耐震设计の基础，オーム社，1984。

［20］ GB 50023—95 建筑抗震鉴定标准。

［21］ Development of a Standardized earthquake Loss estimation methodology, Natinal Institute of Building Sciences, September, 7, 1994.

［22］ 尹之潜，结构易损性分类和未来地震灾的估计，十年尺度中国地震灾害损失预测研究，地震出版社，1995。

［23］ 中国地震局编，地震现场工作大纲和技术指南，地震出版社，1998。

［24］ 国家地震局震害防御司，未来地震灾害损失预测研究组，中国地震灾害损失预测研究，地震出版社，1990。

［25］ Shiono K, Krimgold F and Ohta Y, Post-event rapid estimation of earthquke fatalities for the management of rescure activity, Comprehensire Urban studies, No. 44, pp. 61~106, 1991.

［26］ 曹新玲等译，加利福尼亚未来地震的损失估计，地震出版社，1991。

［27］国家地震局震害防御司译，美国新马德里地区地震灾害损失预测研究，地震出版社，1993。

［28］Yin Zhiqian, Benefit optimum analysis on earthquke protection standard, 中美抗震规范对比学术讨论会论文集，1996。

［29］谢礼立等，论工程抗震设防标准，地震工程与工程振动，1996，16卷，1期。

［30］Tseplos P, Constan tinou M C, Kircher C A et al., Evalation of simplified methods of analysis for yielding structures ［R］, Technieal Report NCEER-97-0012.

［31］Building seismic safety couneil, NEHRP Guidelines for the seismic Re-habilition of buidings ［S］, FEMA-273, 1997.

［32］尹之潜，现有建筑抗震能力评估，地震工程与工程振动，2010，30卷，1期。

［33］柴田明德，城市钢筋混土建筑群地震破坏概率预测，国外地震工程，1982，1。

［34］Earthquake loss estimation methodoloqy, prepared by National Institute of Building Sciences for Fedeml Emergenty Management Ageney, 1999.

［35］建筑结构设计统一标准（草案），1983。

［36］GB 50068—2018　建筑结构可靠性设计统一标准。

［37］Frderal Emergeney Management Ageney, Nationat Institute of Building Seienees, et al. Earthquake Loss Estimation Methodlgy "HAZUS99 Technical Manual" ［M］, Washington, D. C., 1999, 5-3-5-60.

［38］龚思礼、王广军，中国建筑抗震设计规范发展回顾，中国工程抗震研究四十年（1949~1989），地震出版社，1989。

［39］尹之潜、李树桢，在地震作用下多层框架结构的弹塑性反应，地震工程与工程振动，1981，试刊2期。

［40］尹之潜、彭克中，多层框架结构动力特性，地震工程研究报告集，第一集，科学出版社，1962。

［41］帕兹 M 著，李裕澈等译，孙福梁等校，结构动力学——理论与计算，地震出版社，1993。